高等学校通识类课程系列教材
绿色低碳科普教育丛书

绿色低碳建筑

中国城市科学研究会　组织编写
仇保兴　主　　编
王有为　丁　勇　葛　坚　副主编

中国建筑工业出版社

图书在版编目(CIP)数据

绿色低碳建筑 / 仇保兴主编；中国城市科学研究会
组织编写；王有为，丁勇，葛坚副主编. -- 北京：中
国建筑工业出版社，2025. 8. --（绿色低碳科普教育丛
书）（高等学校通识类课程系列教材）. -- ISBN 978-7
-112-31488-1

Ⅰ. TU-023

中国国家版本馆 CIP 数据核字第 2025ER3056 号

《绿色低碳建筑》从推动树立绿色低碳理念的角度出发，将全书分为五个章节。
第 1 章，从历史环境事件切入，引出人类面对环境破坏发布的共同宣言及亟待解决
的重大问题，阐明我国在环境治理问题上坚定的立场；第 2 章，主要阐述我国绿色
低碳建筑发展的政策背景、社会需求与战略目标，帮助读者理解推动绿色低碳建筑
发展的源动力；第 3 章，以国内外绿色建筑发展历程为指引，介绍不同时期有关机
构对绿色低碳理念的理解与要求，同时结合国内外相关标准展开介绍绿色低碳理念
在建筑、社区、城区等多层级范围的拓展与应用；第 4 章，着重强调了绿色建筑理
念的六大核心思想，并介绍了对应技术的基本概念、优劣分析与应用成效；第 5
章，通过枚举国内外的经典案例，带领读者感受绿色建筑思想核心与技术集成应用
的真实效果，达到深入浅出、引导读者自发探索的目的。

为便于教学，作者特别制作了配套课件，任课教师可以通过如下途径申请：

1. 邮箱 jckj@cabp. com. cn.

2. 电话：(010)5833 7285

3. 建工书院：http://edu. cabplink. com

责任编辑：吕　娜　齐庆梅

责任校对：张　颖

高等学校通识类课程系列教材
绿色低碳科普教育丛书
绿色低碳建筑
中国城市科学研究会　组织编写
仇保兴　主　　编
王有为　丁　勇　葛　坚　副主编
*
中国建筑工业出版社出版、发行(北京海淀三里河路 9 号)
各地新华书店、建筑书店经销
北京红光制版公司制版
廊坊市文峰档案印务有限公司印刷
*
开本：787 毫米×1092 毫米　1/16　印张：8¾　字数：206 千字
2025 年 8 月第一版　2025 年 8 月第一次印刷
定价：**58. 00** 元（配数字资源及赠教师课件）
ISBN 978-7-112-31488-1
(44754)

本书编写委员会

主编单位：中国城市科学研究会

主　　编：仇保兴

副 主 编：王有为　丁　勇　葛　坚

编　　委：常卫华　于　兵　吕伟娅　刘　京　李珺杰
　　　　　龚　敏　张智栋　孙大明　戈　亮　董　斌

序 言

当前，生态文明建设进入以降碳为重点方向的关键时期。推动"双碳"目标实施，推动建筑行业绿色低碳发展，除编制必要的标准规范外，更重要的是树立全体国民的绿色低碳理念，促进国家与民族走上科学高质量发展之路。

建筑全生命周期的碳排放约占我国总体碳排放的 50％，建筑节能、再生能源成为重要的减碳环节。在建筑的运行和人们的生活中，有哪些现代建筑科技可以实现减碳？人们在建筑中的生活行为方式有哪些与碳排放相关？这是广大的学校师生和群众关注的问题。本书从多个技术维度，对建筑降碳进行深入分析和系统总结，对于全面了解建筑领域降碳减排的技术，引领低碳生活的发展方向，具有很强的参考价值。

本书将青少年的科普教育作为切入点，探索编写青少年的绿色低碳科普教材，是一项看得准抓得及时的工作。在短短几个月的时间里编委会精心组织，系统筹划，选择在不同绿色建筑技术领域的权威专家撰稿，高质量地完成了编写工作，我向本书策划、编纂和出版作出贡献的同志们表示由衷的感谢。

希望中国城市科学研究会绿色建筑与节能专业委员会能持之以恒的关注绿色建筑科技人才成长，扎实深入地开展建筑行业降碳减排的科普培训，在推广使用本书的工作中及时总结经验，为建立国民的绿色低碳理念，促进我国建筑行业绿色低碳发展，作出更大的贡献。

目　录

第 **1** 章

现 状 需 求

1.1 环 境 宣 言

早在 19 世纪中叶，率先进入工业时代的英国就发生了重大环境卫生问题，在水处理设施不发达的背景下，持续的高温天气引发了臭名昭著的"大恶臭"事件。学者们开始关注工业革命带来的环境破坏，并提出了《泰晤士河净化法案》《河流污染防治法》《清洁大气法》等一系列环境法，但普通法的被动特性体现在很大程度上依赖于个人行动，缺乏一般的监督和执行机制，不足以应对工业革命带来的社会变革。在解决环境污染问题时，普通法已经被降级为辅助性角色。

随着工业化的扩展和科学技术的进步，西方国家煤的产量和消耗量逐年上升，由此酿成多起严重的燃煤大气污染公害事件。1943 年，洛杉矶首次发生的光化学烟雾事件，第一次显示了汽车内燃机所排放气体造成的污染与危害的严重性。在这一阶段，污染源增加，新的更为复杂的污染形式出现，因此公害事故增多，公害病患者和死亡人数增加，这体现出西方国家环境污染危机越加明显和深重。20 世纪 50 年代起，世界经济由战后恢复转入发展时期。西方大国竞相发展经济，工业化和城市化进程加快，经济持续高速增长，但这也使得工业生产和城市生活的大量废弃物排向土壤、河流和大气之中，最终造成环境污染的大爆发。

20 世纪 80 年代末，在瑞典首都斯德哥尔摩召开了当代环境问题的第一次国际会议，与会国和国际组织从科学技术、人口增长、资源开发、国际法律、大规模武器等方面达成了七点共同看法和二十六项原则，形成了《联合国人类环境会议宣言》（简称：《人类环境宣言》）与《行动计划》，以鼓舞和指导世界各国人民保护和改善人类环境。瑞典著名外交大臣和国际原子能机构总干事汉斯·布利克斯（Hans Bilx）认为"在这个迅速结合为一体的世界上，我们将要遇到更大的问题不是武器问题而是环境问题，斯德哥尔摩会议是对付这个更大问题的良好开端。"

1.1.1 七项共识

斯德哥尔摩人类环境会议（图 1-1），以其"人类环境宣言"的主旨而载入人类发展史册，并宣告人类采取共同行动保护地球环境的起步。这次会议对于保护人类生存环境来说，无疑具有重大的历史意义，并且宣告了人类以往一种传统观念的终结。

在"只有一个地球"的号召下，人们逐步取得了对于人类社会盲目、畸形发展共识。如果人类不能控制，那么自然界就将控制它，而且会更加残酷。人们逐渐意识到保护环境就是保护人类生存，事关人类社会的发展和未来。只有共同关心才能持续发展，才有美好的前景。尽管各国位于不同地区、有着不同的社会制度，并有发展中国家与发达国家之别，但分别代表这些国家的政府在"只有一个地球"的响亮警告声中走到一起，共同面向未来，达成了以下七项共识。

1）人是环境的产物，同时又有改变环境的巨大能力。这意味着人类在自然环境中的活动可以产生深远的影响。人类有责任管理自身的活动，以确保其对环境的影响是积极、正面的。

图 1-1 联合国人类环境会议会场

2）保护和改善环境对人类至关重要，是世界各国人民的迫切愿望，是各国政府应尽的职责。环境问题对全人类都是重要的，并需要各国政府和国际合作来应对。

3）改变环境的能力，如妥善地加以运用，可为人民带来福利；如运用不当，则可对人类和环境造成无法估量的损害。这意味着人类需要明智地使用环境改造能力。例如，通过植树造林可以改善气候，但过度砍伐森林会导致生态系统的破坏。

4）发展中国家的环境问题主要是发展不足造成的，发达国家的环境问题主要是由于工业化和技术发展而产生的。这指出了不同国家环境问题的不同根源，发展中国家更多地面临生存环境问题，如污染和生态破坏，而发达国家则可能更多地面临工业化和技术发展带来的复杂环境问题。

5）政府和社会需要根据情况采取适当方针与措施，解决由于人口的自然增长给环境带来的问题。

6）为当代人及子孙后代保护和改善人类环境，已成为人类一个紧迫的目标；这个目标将同争取和平、经济和社会发展的目标共同且协调地实现。这表明保护与改善环境是对当前和未来世代的重要责任。

7）为实现这一目标，需要公民和团体，以及企业和各级机关承担责任，共同努力。各国政府要对大规模的环境政策和行动负责。对区域性全球性的环境问题，国与国之间要广泛合作，采取行动，以谋求共同利益。这强调了所有层面和利益相关者（包括个人、组织和企业）在解决环境问题中的角色与责任。同时，也强调了国际合作的重要性，因为许多环境问题超越了单个国家的边界。

1.1.2 二十六条原则

七项共识是斯德哥尔摩会议的核心议题，而二十六条原则是斯德哥尔摩会议期间各国基于共识达成的具体行动计划。这些原则包括了政治、经济、文化、军事等方面的内容，旨在促进国际关系的稳定和发展。这些原则不仅对当时的国际关系产生了影响，也对后来的国际关系产生了重要的指导意义。

1）人类有权在一种能够保障尊严和福利的生活环境中，享有自由、平等和充足的生活条件的基本权利，同时肩负着保护和改善这当代和未来世代环境的庄严责任。在这一背景下，任何促进或维护种族隔离、种族分离与歧视、殖民主义及其他形式的压迫及外国统治的政策，都应该受到谴责并予以消除。

2）为了这一代和将来的世世代代的利益，地球上的自然资源，其中包括空气、水、土地、植物和动物，特别是自然生态类中具有代表性的标本，必须通过周密计划或适当管理加以保护。

3）地球生产非常重要的再生资源的能力必须得到保护，而且在实际可能的情况下加以恢复或改善。

4）人类负有特殊的责任保护和妥善管理由于各种不利的因素而受到严重危害的野生动物后嗣及其产地，因此，在计划发展经济时必须注意保护自然界，其中包括野生动物。

5）在使用地球上不能再生的资源时，必须防范将来把它们耗尽的危险，并且必须确保整个人类能够分享从这样的使用中获得的好处。

6）为了保证不使生态环境遭到严重或不可挽回的损害，必须制止在排除有毒物质或其他物质及散热时其数量或集中程度超过环境承载的能力。应该支持各国人民反对污染的正义斗争。

7）各国应该采取一切可能的步骤来防止海洋受到那些会对人类健康造成危害的、损害生物资源和破坏海洋生物舒适环境的或妨害对海洋进行其他合法利用的物质污染。

8）为了保证人类有一个良好的生活和工作环境，为了在地球上创造那些对改善生活质量所必要的条件，经济和发展是非常必要的。

9）由于不发达和自然灾害而导致环境破坏造成了严重的问题。克服这些问题的最好办法，是运用大量的财政和技术援助以支持发展中国家，并且提供可能需要的及时援助，以加速发展工作。

10）对于发展中的国家来说，由于必须考虑经济因素和生态进程，因此使初级产品和原料有稳定的价格和适当的收入是必要的。

11）所有国家的环境政策应该提高，而不应该损及发展中国家现有或将来发展潜力，也不应该妨碍大家生活条件的改善。各国和各国际组织应当采取适当步骤，以便应付因实施环境措施所可能引起的国内或国际的经济后果达成协议。

12）应筹集基金来维护和改善环境，其中要照顾到发展中国家的实际情况和特殊性，照顾他们由于在发展计划中列入环境保护项目的任何费用，以及应他们的请求而供给额外的国际技术和财政援助的需要。

13）为了实现更合理的资源管理从而改善环境，各国应该对他们的发展计划采取统一、和谐的做法，以保证为了人民的利益，使发展同保护和改善人类环境的需要相一致。

14）合理的计划是协调发展的需要和保护与改善环境的需要相一致的。

15）人的定居和城市化工作必须加以规划，以避免对环境的不良影响，并为大家取得社会、经济和环境三方面的最大利益。在这方面，必须停止为殖民主义和种族主义统治而制订的项目。

16）在人口增长率或人口过分集中可能对环境或发展产生不良影响的地区，或在人口密度过低可能妨碍人类环境改善和阻碍发展的地区，都应采取不损害基本人权和有关政府认为适当的人口政策。

17）必须委托适当的国家机关对国家的环境资源进行规划、管理或监督，以期提高环境质量。

18）为了人类的共同利益，必须应用科学和技术以鉴定、避免和控制环境恶化并解决环境问题，从而促进经济和社会的发展。

19）为了广泛地扩大个人、企业和基层社会在保护和改善人类各种环境方面提出开明舆论和采取负责行为的基础，必须对年轻一代和成人进行环境问题的教育，同时应该考虑到对不能享受正当权益的人进行这方面的教育。

20）必须促进各国，特别是发展中国家的国内和国际范围内从事有关环境问题的科学研究及其发展。在这方面，必须支持和促使最新科学情报和经验的自由交流以便解决环境问题；应该使发展中的国家得到环境工艺，其条件是鼓励这种工艺的广泛传播，而不成为发展中国家的经济负担。

21）按照联合国宪章和国际法原则，各国有自己的环境政策开发自己资源的主权；并且，有责任保证在他们管辖或控制之内活动，不致损害其他国家的或在国家管辖范围以外地区的环境。

22）各国应进行合作，以进一步发展有关他们管辖或控制之内的活动对他们管辖以外的环境造成的污染和其他环境损害的受害者承担责任与赔偿问题的国际法。

23）在不损害国际大家庭可能达成的规定和不损害必须由一个国家决定的标准的情况下，必须考虑各国的价值制度和考虑对最先进的国家有效，但是对发展中国家不适合或具有不值得的社会代价的标准可行程度。

24）有关保护和改善环境的国际问题应当由所有的国家，不论其大小，在平等的基础上本着合作精神来加以处理，必须通过多边或双边的安排或其他合适途径的合作，在正当地考虑所有国家的主权和利益的情况下，防止、消灭或减少和有效地控制各方面的行动所造成的对环境的有害影响。

25）各国应保证国际组织在保护与改善环境方面起协调的、有效的和能动的作用。

26）人类及其环境必须免受核武器和其他一切大规模毁灭性手段的影响。各国必须努力在有关的国际机构内就消除和彻底销毁这些武器迅速达成协议。

1.1.3 联合防治

《人类环境宣言》第一次为国际环境保护提供了各国在政治上和道义上必须遵守的规范，总结和概括了制定国际环境法的基本原则和具体原则，并为各国国内环境法的发展指出了方向。在这次大会上，各国一致认为，第三世界国家是保护世界环境的重要力量，关注气候变化在内的环境保护也成为全球的一致行动，并得到各国政府的承认和支持。

　　在联合国人类环境会议的建议下，各国一致同意，在联合国框架下成立一个负责全球环境事务的组织，统一协调和规划有关环境方面的全球事务，即联合国环境规划署（United Nations Environment Programme，UNEP），总部设在肯尼亚首都内罗毕。在国际社会和各国政府对全球环境状况及世界可持续发展前景越加深切关注的 21 世纪，环境署受到越来越高度的重视，并且正在发挥着不可替代的关键作用。该机构的主要职责是：贯彻执行环境规划理事会的各项决定；根据理事会的政策指导提出联合国环境活动的中、远期规划；制订、执行和协调各项环境方案的活动计划；向理事会提出审议的事项以及有关环境的报告；管理环境基金；就环境规划向联合国系统内的各政府机构提供咨询意见等。

　　1988 年 12 月，联合国大会通过决议，决定在联合国环境规划署和世界气象组织成立政府间气候变化专门委员会（Intergovernmental Panel on Climate Change，IPCC），在全面、客观、公开和透明的基础上，对世界上有关全球气候变化的最好的现有科学、技术和社会经济信息进行评估。在环境与发展、环境与人口、环境与贸易、气候变化等方面，UNEP 与联合国可持续发展委员会、联合国开发计划署、世贸组织等有关国际机构密切合作（图 1-2）。自成立以来，UNEP 为保护地球环境和区域性环境举办了各项国际性的专业会议，召开了多次学术性讨论会，协调签署了各种有关环境保护的国际公约、宣言、议定书，并积极敦促各国政府对这些宣言和公约的兑现，促进了环保的全球统一步伐。

图 1-2　IPCC 组织与 UNEP 组织徽章

　　2002 年，可持续发展问题首脑会议于约翰内斯堡举行，会议通过了《政治宣言》和《执行计划》。其中，包括一系列活动和措施方面的规定，旨在实现尊重环境的发展。共有一百多位国家元首和政府首脑，以及数万名政府代表和非政府组织参加会议。经过数天的审议，他们在水、能源、卫生、农业、生物多样性和其他关切领域做出了决定。在水方面，《执行计划》鼓励公共和私营部门在政府建立的监管框架基础上建立伙伴关系；在能源方面，《执行计划》强调需要实现能源供应的多样化，并且需要在全球能源供应中提高可再生能源的比例；在生物多样性方面，《执行计划》呼吁建立一种国际机制，确保公平、公正地分享使用遗传资源产生的利益。《执行计划》包含了关于已批准《京都议定书》的国家在减少温室气体方面的规定，并敦促尚未批准议定书的国家尽快批准。《执行计划》还提出设立一个消除贫困的全球团结基金，并启动一项十年方案，支持相关的区域性和国家倡议，加速向可行的生产和消费模式过渡。

2012 年，即在 1992 年里约热内卢地球问题首脑会议召开 20 年后，联合国可持续发展大会（又称"里约＋20"峰会）在里约召开，会议达成了一份成果文件，为实现可持续发展提供了明确、切实可行的步骤。会上，会员国决定在千年发展目标的基础上，制定一套可持续发展目标，并与 2015 年后发展议程接轨。会议还通过了关于绿色经济政策的创新性指导方针，并制定了可持续发展筹资战略。各国政府通过了可持续消费和生产模式十年方案框架（A/CONF.216/5）。会议还在能源、粮食安全、海洋和城市等多个领域做出了前瞻性的决定，并决定于 2014 年召开第三届全球小岛屿发展中国家会议。"里约＋20"峰会引起了联合国系统内外数千人的关注。会上宣布了 700 多项自愿承诺，并开始建立新的伙伴关系以促进可持续发展。

2015 年，在各国元首、政府首脑和高级代表的参与下联合国决议大会通过"变革我们的世界：2030 年可持续发展议程"，宣布了 17 个可持续发展目标和 169 个具体目标展现了新全球议程的规模和雄心。这些目标寻求巩固发展千年发展目标，完成千年发展目标尚未完成的事业，它们是整体的、不可分割的，并兼顾了可持续发展的三个方面：经济、社会和环境。

这 17 个发展目标分别是：

1）在全世界消除一切形式的贫困；

2）消除饥饿，实现粮食安全，改善营养状况和促进可持续农业；

3）确保健康的生活方式，促进各年龄段人群的福祉；

4）确保包容和公平的优质教育，让全民终身享有学习机会；

5）实现性别平等，增强所有妇女和女童的权能；

6）为所有人提供水和环境卫生并对其进行可持续管理；

7）确保人人获得负担得起的、可靠和可持续的现代能源；

8）促进持久、包容和可持续的经济增长，促进充分的生产性就业和人人获得体面工作；

9）建造具备抵御灾害能力的基础设施，促进具有包容性的可持续工业化，推动创新；

10）减少国家内部和国家之间的不平等；

11）建设包容、安全、有抵御灾害能力和可持续的城市和人类住区；

12）采用可持续的消费和生产模式；

13）采取紧急行动应对气候变化及其影响；

14）保护和可持续利用海洋和海洋资源以促进可持续发展；

15）保护、恢复和促进可持续利用陆地生态系统，可持续管理森林，防治荒漠化，制止和扭转土地退化，遏制生物多样性的丧失；

16）创建和平、包容的社会以促进可持续发展，让所有人都能诉诸司法，在各级建立有效、负责和包容的机构；

17）加强执行手段，重振可持续发展全球伙伴关系。

1.2 警 钟 长 鸣

事实上，尽管在各国的努力协作下一些方面得到了极大的缓解，但人类面对的气候问题仍然棘手。2022 年 11 月 6—20 日，第 27 届联合国气候变化大会在埃及海滨城市沙姆沙伊赫召开。大会第一天，世界气象组织发布了《2022 年全球气候状况》临时报告。报告指出，2021 年，地球大气中二氧化碳、甲烷、氧化亚氮三种温室气体浓度达到新的高度，根据特定地点实时数据，2022 年这三种温室气体浓度还将继续上升。根据前 9 个月的数据估计，2022 年全球平均温度将比工业化前水平高 1.15℃，2015—2022 年是有记录以来最热的 8 年。全球变暖，使全球冰冻圈不断萎缩，而这又进一步推动了全球海平面上升，2013—2022 年，全球海平面平均上升速度已经达到了 4.9mm/年，比 1993—2002 年的平均速度增加了 1 倍。气候变暖导致 2022 年全球爆发了一系列极端气象事件，导致全球数千万人深陷气候危机之中。中国科学院大气物理研究所的科学家表示：自 2020 年以来，人类就已经进入了气候危机纪元；2022 年，不仅是公元纪元的 2022 年，更是气候危机纪元的第三年。气候危机已经到来，人类必须加快行动，拯救正向气候深渊加速坠落的自己。

1.2.1　冰盖消融

联合国教科文组织 2023 年 11 月 3 日在一份报告中警告，称经过分析监测数据，无论世界如何应对气候变化，位于世界遗产区的三分之一冰川都会在 2050 年前融化，其中包括阿尔卑斯山、美国旧金山优胜美地国家公园和黄石公园，以及坦桑尼亚乞力马扎罗山的冰川。联合国教科文组织的《世界遗产名录》中共有 1150 多处世界遗产，其中约有 50 个世界遗产拥有冰川。这些冰川总计将近有 1.86 万处，加起来几乎占世界总冰川面积的十分之一。该组织的数据显示，位于世界遗产区的冰川每年损失约 600 亿吨冰，相当于西班牙和法国每年的用水量总和。2000—2020 年间，这些冰川的损失致使全球海平面上升近 5%，得到了"全球冰川正在加速消退"的研究结论。

1. 乞力马扎罗的雪

1938 年，当海明威写下他的短篇小说《乞力马扎罗的雪》时，可能并没有想到这里的"永恒的雪"可能会在 80 年后消失。

乞力马扎罗山作为非洲大陆的最高峰，对坦桑尼亚和整个非洲都具有不同寻常的意义。乞力马扎罗山山顶超过千年的冰川更是具有极高的科研价值。但是近年来，随着气候变化问题日益严峻，对乞力马扎罗山上冰川消失或将消失的推测从未停止（图 1-3）。当地人传说，如果清晨抬头的时候你可以看到乞力马扎罗山的雪顶，那么这一天都将预示着你会有好运气。但是，与南极、北极的冰川一样，受到了气候变化的影响，乞力马扎罗山上的雪顶在逐渐萎缩。最近的科学研究表示，2050 年的时候，乞力马扎罗山上的雪顶就会消失殆尽。

乞力马扎罗山顶冰川的消退无疑已经成为事实。自乞力马扎罗山在 1889 年第一次被登顶后，越来越多的登山爱好者来到这里，感受赤道雪峰的魅力。坦桑尼亚的很多啤酒、矿泉水等都会用"乞力马扎罗"作为标签。新冠疫情前，乞力马扎罗国家公园每年都会接待超过 5 万名游客。随着登山活动的兴起，当地的旅游业也蓬勃发展，创造了大量的登山向导、挑夫等就业岗位。同时，乞力马扎罗山是世界上最高的独立山峰，又地处热带，有着非常独特的生态圈。5895m 的垂直高度上分布着六种形态不同的自然带，

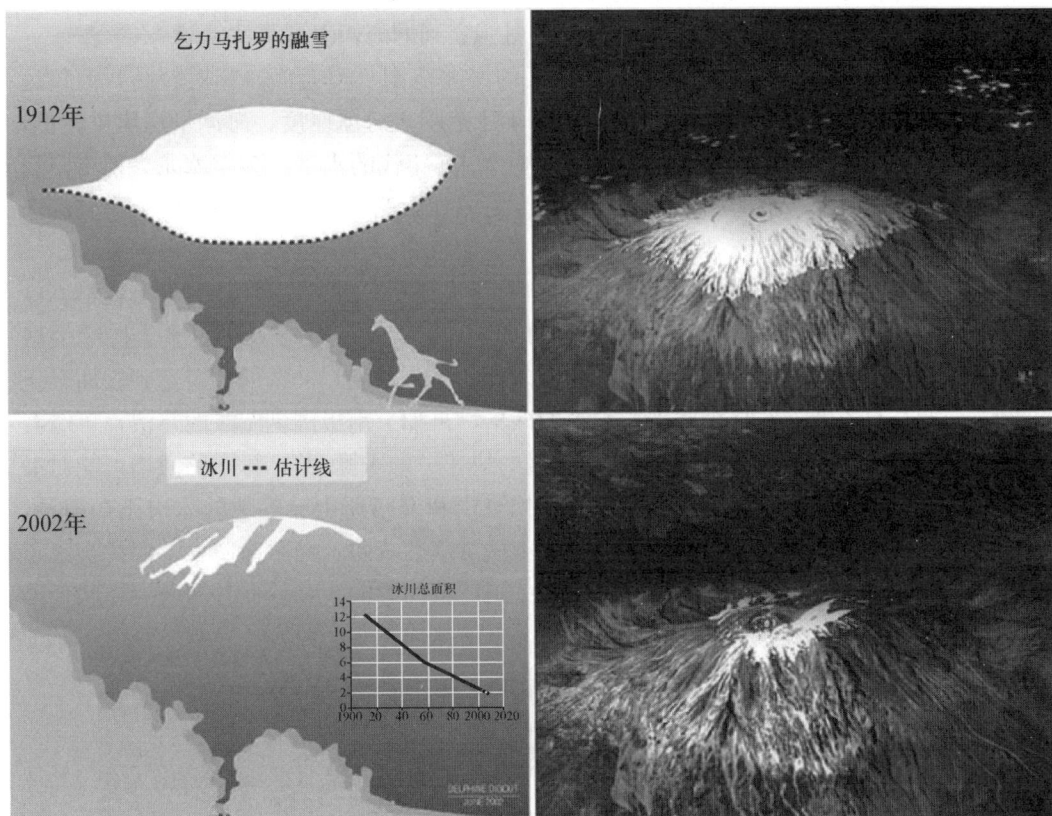

图 1-3 90 年间不断融化的冰川

为热、温、寒三带的野生动植物提供庇护。同时，这个丰富多样又脆弱的生态系统，还为整个坦桑尼亚北部地区和肯尼亚南部地区提供着从生活到生产的用水。

由于气候变化导致气温升高，乞力马扎罗的生态系统被严重破坏。联合国环境规划署曾经公开发表过一篇《气候变化下东非山区可持续发展》的报告，专门研究了乞力马扎罗山的案例。报告指出，自 1976 年以来，气候变暖引发的火灾已经毁坏了约 1.3 万 hm^2 的森林。林地的退化又反过来严重扰乱了山上的水平衡，进而影响到了地区水源和当地人的生产、生活。为了减少气候变化对乞力马扎罗冰川、森林和地区生态系统造成的影响，坦桑尼亚政府和当地非政府机构开始鼓励居民参与植树造林。对当地来讲，这是对抗气候变化最行之有效也是成本最低的行动。

2. 北极的冰

谈到北极地区，人们脑海里往往浮现的是冰川覆盖、白雪皑皑的一幅景象，很难将其与台风、野火烟雾以及日益增加的降雨联系起来。但美国国家海洋和大气管理局发布的《2022 年北极地区情况报告单》（以下简称《报告》）指出，北极地区变暖的速度比全球其他地区都要快，这些气候变化导致的事件正在北极地区真实上演。

《报告》指出，近十年来，北极空气温度的上升速度高于全球平均水平。2021 年 10 月至 2022 年 9 月期间，该地区的年平均空气温度是自 1900 年以来的第六温暖年。过去

7 年也是北极地区自 1900 年以来最温暖的 7 年。自 1982 年以来，北冰洋大部分无海冰覆盖的海面温度持续呈上升趋势，2022 年 8 月观察到的海面温度与这一趋势一致。

虽然相比前几年而言，2022 年北极地区的海冰范围（覆盖面）相对较高，但仍远低于长期平均水平。2021 年，北极地区的多年冰范围、海冰厚度、海冰量达历史新低，2022 年有所回升，但仍远低于 20 世纪 80 年代及 90 年代的水平，多年冰尤为稀少。夏季大多数时间里，北极周边会形成开放水域，足以让游船和研究船通行，北方海路和西北航道也基本处于开放状态。

2021—2022 年期间，北极地区雪季的积雪量高于平均水平，但融雪时间较早，这与部分地区雪季缩短的长期趋势相一致。在过去 25 年间，格陵兰岛的冰盖持续消融（图 1-4）。该地区在 2022 年 9 月经历了前所未有的季末升温，36% 的冰盖达到表面融化条件。北极升温速度大约是全球平均水平的四倍，再加上南极洲创纪录的热浪，可能会出现过去 13 万年人类文明发展期间从未见过的快速"融水脉冲"。海水的激增可能对沿海地区造成灾难性的后果。与此同时，喜马拉雅山和安第斯山脉等地的冰川正在消融，危及数千万人的饮用水供应，这也增加了灾难性洪水的威胁。马萨诸塞大学的科学家布里格姆·格雷特说，减少碳排放仍然可以避免更严重的影响，并敦促各国政府在联合国气候变化大会会议上采取更多行动来拯救世界上的冰体。

图 1-4　北极熊的自然栖息地正在消失

1.2.2　山火肆虐

据美国国家跨部门消防中心 10 月末数据统计，2022 年上半年以来发生的 5 万多起山火已经烧毁了超过 2.9 万 km^2 的土地。夏季的加州经常野火肆虐，以持续蔓延的山火为主，而且近年来山火的破坏性在加剧。据加州林业和消防局统计，该州历史上规模最大的 20 场山火中有 12 场发生在过去 5 年间，共计烧毁加州总面积的 4%，相当于整个康涅狄格州。

利用美国航天局全球火灾排放数据库开发的近实时卫星监测技术，并参照加州空气资源委员会公布的野火排放数据，过去两年加州二氧化碳排放量处于近 20 年来最高水平。2021 年，加州野火释放了 1.61 亿 tCO_2，相当于该州 2020 年排放清单的 40% 左右。美国肺脏协会报告称，2018—2020 年，美国不良和危险空气质量天数达到空前水平，约 1.37 亿美国人生活在空气质量不良地区。作为受山火影响最严重的州之一，加州空气污染位列第一。2021 年，美国颗粒物污染最严重的 5 个城市均在加州（图 1-5）。

图 1-5 烟雾中的旧金山

2023 年 8 月，受环境干旱、强风等多因素综合影响，美国夏威夷州毛伊岛等地爆发大规模山火灾害，毛伊岛大部分地区被火灾与浓烟隔绝。此次野火是夏威夷自 1959 年建州以来死亡人数最多的自然灾害，也是美国近年来死伤最严重的野火灾害。

联合国环境规划署和全球资源信息数据库——挪威阿伦达尔中心发布的报告指出，预计气候变化和土地用途的改变将导致野火发生得更加频繁和猛烈。到 2030 年，全球范围内极端火灾的数量将增加 14%；到 2050 年底，将增加 30%，截至 21 世纪末将增加 50%。野火和气候变化正在相互加剧。气候变化加剧了干旱、高温、相对湿度降低、闪电和强风，导致火灾季更炎热、更干燥、持续时间更长，从而使野火形势不断恶化。与此同时，野火加剧了气候变化，主要是破坏了敏感和富含碳的生态系统，如泥炭地和热带雨林。这导致相关生态系统变成了"火药箱"，使控制气温上升变得越发困难。

1.2.3 极端天气

2015 年 12 月达成的《巴黎协定》中设定了双重目标：21 世纪，全球平均气温升幅与工业革命前水平相比不超过 2℃，同时"尽力"不超过 1.5℃。联合国政府间气候变化专门委员会的这份最新报告指出，由于现如今的平均气温已经比工业革命前水平升高了 1℃，因此，按照"1.5℃的控温目标"，21 世纪内人类活动所致温度上升不能超过 0.5℃；否则，"人类和其他生物将面对一个更难生存的地球"。

政府间气候变化专门委员会（IPCC）发布的综合研究报告（AR6）指出，在未来 20 年内全球变暖可能达到或超过 1.5℃，是否将变暖限制在这一水平并防止最严重的气候影响取决于未来 10 年采取的行动。只有加大力度减少排放量，世界才能使全球气温上升不超过 1.5℃，防止最恶劣的气候影响。在高排放的情况下，IPCC 报告发现，到 2100 年全球温升可能高达 5.7℃，这将带来灾难性的后果。

2022 年全球范围内不同城市的气温陆续刷新了往年同时间的最高纪录。最高温度超过 40℃ 的城市频频出现。2022 年 7—8 月，我国重庆地区遭遇了有气象记录以来最高的一次高温天气过程，高温过程持续时间长、影响范围广、极端性强（综合强度达特重等级，为 1961 年以来最强高温过程。10 个区县的平均气温达到历史同期最高，17 个区县的极端最高气温刷新当地最高纪录。特别是北碚国家观测站，8 月 18—19 日最高气温达到 45℃，超过 2006 年 8 月 15 日綦江的 44.5℃，突破历史极值；40℃ 以上高温日数为 15.8 天，较常年显著偏多 14 天，高温时间达历史最长；35℃ 和 40℃ 以上的高温范围分别为重庆市总面积的 95.3％ 和 54.4％，高温范围达历史最广。同年 8 月，四川省经济和信息化厅抵消极端高温天气对城市电力系统的影响，发布了《关于扩大工业企业让电于民实施范围的紧急通知》，范围包含成都市在内的 19 个市/自治州，导致了大范围的停工停产，社会经济和安全受到严峻挑战，人民群众财产遭受巨大损失。

除西南地区外，东北地区受到极寒气象影响也发生了城市电力供应不足的现象，2021 年 9 月中旬以来，辽宁、吉林、黑龙江等多个省份相继启动有序用电，多地工业企业被要求"开三停四""开二停五"甚至"开一停六"错峰用电，受限电影响的范围甚至超出了工商业电力用户，有城市主干道红绿灯停电引发拥堵，电梯停运，停电导致停水，波及城市正常运行和居民用电的罕见缺电触及了社会的敏感神经。

频繁发生的自然灾害、不断突破的历史温度一直在敲打着人类，面对自然向人类文明持续敲响的警钟，中共中央就人类未来发展提出了"人类命运共同体"的中国方略，即在追求本国利益时兼顾他国合理关切，在谋求本国发展中促进各国的共同发展。

1.3 应对气候变化

1.3.1 "3060"的郑重承诺

2020 年 9 月，国家主席习近平在第七十五届联合国大会一般性辩论上阐明，应对气候变化《巴黎协定》代表了全球绿色低碳转型的大方向，是保护地球家园需要采取的最低限度行动，各国必须迈出决定性步伐。同时宣布，中国将提高国家自主贡献力度，采取更加有力的政策和措施，二氧化碳排放力争于 2030 年前达到峰值，努力争取 2060 年前实现碳中和。中国的这一庄严承诺在全球引起巨大反响，赢得国际社会的广泛积极评价。在此后的多个重大国际场合，习近平反复重申了中国的"双碳"目标，并强调要坚决落实。特别是在 2020 年 12 月举行的气候雄心峰会上，习近平进一步宣布，到 2030 年，中国单位国内生产总值二氧化碳排放将比 2005 年下降 65％ 以上，非化石能源占一次能源消费比重将达到 25％ 左右，森林蓄积量将比 2005 年增加 60 亿 m^3，风电、太阳能发电总装机容量将达到 12 亿 kW 以上。习近平总书记还强调，中国历来重信守诺，将以新发展理念为引领，在推动高质量发展中促进经济社会发展全面绿色转型，脚踏实地落实上述目标，为全球应对气候变化作出更大贡献。

1.加快生态文明建设和实现高质量发展

为人民谋幸福，就是要求党和政府既要创造更多物质财富和精神财富以满足人民日益增长的美好生活需要，也要提供更多优质生态产品以满足人民日益增长的优美生态环境需要。全心全意为人民服务和人民利益至上的宗旨原则，促使中国共产党逐步深化对现代化与资源环境关系的认识。经过多年探索，最终形成了新时代统筹推进经济建设、政治建设、文化建设、社会建设和生态文明建设"五位一体"现代化总体布局，使"建设人与自然和谐共生的现代化"成为中国特色社会主义现代化事业的显著特征。探索过程中形成的习近平生态文明思想，是习近平新时代中国特色社会主义思想的重要内容。正是从中国式现代化建设的全局高度，习近平总书记多次强调，应对气候变化不是别人要我们做，而是我们自己要做，是我国可持续发展的内在要求。

基于工业革命以来现代化发展正反两方面的经验教训，基于对人与自然关系的科学认知，人们逐步认识到依靠以化石能源为主的高碳增长模式，已经改变了人类赖以生存的大气环境，日益频繁的极端气候事件已开始影响人们的生产生活，现有的发展方式日益显示出不可持续的态势。为了永续发展，人类必须走绿色低碳的发展道路。虽然发达国家应该对人类绿色低碳转型承担更大的责任，但作为最大的发展中国家，中国已经不能置身事外。中国仍然处于工业化、现代化关键时期，工业结构偏重、能源结构偏煤、能源利用效率偏低，使中国传统污染物排放和二氧化碳排放都处于高位，严重影响绿色低碳发展和生态文明建设，进而影响提升人民福祉的现代化建设。

2021年3月，习近平总书记在中央财经委员会第九次会议上强调，实现碳达峰、碳中和是一场广泛而深刻的经济社会系统性变革，要把碳达峰、碳中和纳入生态文明建设整体布局，拿出抓铁有痕的劲头，如期实现2030年前碳达峰、2060年前碳中和的目标。

这是习近平生态文明思想指导我国生态文明建设的最新要求，体现了我国走绿色低碳发展道路的内在逻辑。我们要坚定不移地贯彻新发展理念，坚持系统观念，处理好发展和减排、整体和局部、短期和中长期的关系，以经济社会发展全面绿色转型为引领，以能源绿色低碳发展为关键，加快形成节约资源和保护环境的产业结构、生产方式、生活方式及空间格局，坚定不移地走生态优先、绿色低碳的高质量发展道路。

"双碳"目标对我国绿色低碳发展具有引领性、系统性，可以带来环境质量改善和产业发展的多重效应。着眼于降低碳排放，有利于推动经济结构绿色转型，加快形成绿色、生产方式，助推高质量发展。突出降低碳排放，有利于传统污染物和温室气体排放的协同治理，使环境质量改善与温室气体控制产生显著的协同增效作用。强调降低碳排放人人有责，有利于推动形成绿色、简约的生活方式，降低物质产品消耗和浪费，实现节能减污降碳。加快降低碳排放步伐，有利于引导绿色技术创新，加快绿色低碳产业发展，在可再生能源、绿色制造、碳捕集与利用等领域形成新增长点，提高产业和经济的全球竞争力。从长远看，实现降低碳排放目标，有利于通过全球共同努力减缓气候变化带来的不利影响，减少对经济社会造成的损失，使人与自然回归和平与安宁。

2. 贯彻新发展理念，推进创新驱动的绿色低碳高质量发展

"双碳"目标的提出和落实，体现了中国作为一个负责任的大国，在发展理念、发展模式、实践行动上积极参与和引领全球绿色低碳发展的努力。"十四五"时期，我国生态文明建设进入了以降碳为重点战略方向、推动减污降碳协同增效、促进经济社会发展全面绿色转型、实现生态环境质量改善由量变到质变的关键时期。

我们要深入贯彻新发展理念，按照推进生态文明建设要求谋划"双碳"目标的实现路径，坚定不移推进绿色发展，持续不断治理环境污染，提升生态系统质量和稳定性，积极推动全球可持续发展，提高生态环境领域国家治理体系和治理能力现代化。为此，必须坚持全国统筹，强化顶层设计，发挥制度优势，压实各方责任，根据各地实际分类施策。坚持政府和市场两手发力，强化科技创新和制度创新，深化能源和相关领域改革，形成有效的激励约束机制，有效推进生态优先、绿色低碳的高质量发展。

在深入贯彻新发展理念方面，要突出强调创新驱动的绿色发展，因为科技创新是走向碳中和的终极解决方案。党的十八大以来，随着国家创新体系不断完善、相关产业政策的精准支持，我国绿色低碳领域的创新发展取得了明显成效。目前，我国风电、光伏、动力电池的技术水平和产业竞争力总体处于全球前沿。根据美国战略与国际研究中心最近一篇报告，中国在全球清洁能源产品供应链中占主导地位。太阳能光伏制造业中，中国拥有全球90%以上的晶圆产能、三分之二的多晶硅产能和72%的组件产能；在风力发电机的价值链中，中国拥有约一半的产能；中国的锂电池制造业约占全球供应量的四分之三。这些支撑我国建成了全球最大规模的清洁能源系统、最大规模的绿色能源基础设施、最大规模的新能源汽车保有量，并为全球清洁能源产品的快速扩散和应用提供了坚强的后盾。中国科学院科技战略咨询研究院等机构发布的相关报告指出，中国在风能、光伏、氢能、地热、能源互联网等领域科研实力也比较雄厚，论文数量、入选前10%的优秀论文数量、专利数量等都名列前茅。这表明中国在新能源领域技术创新的潜力巨大。

1.3.2 建筑行业碳排放情况

近年来我国建筑领域低碳发展稳步推进。随着《民用建筑节能条例》《绿色建筑行动方案》《建筑碳排放计算标准》GB/T 51366—2019、《绿色建筑评价标准》GB/T 50378—2019（2024年版）、《绿色建筑创建行动方案》《超低能耗建筑评价标准》《绿色建筑被动式设计导则》《绿色建造技术导则（试行）》等文件的出台，促进了建筑领域绿色低碳发展的飞速进步。

但是，中国建筑领域碳排放的总量庞大，建筑碳排放涉及建筑材料生产运输、建筑施工、建筑运行和建筑拆除处置四个阶段的建筑全生命周期。根据《中国建筑能耗研究报告（2022）》，2020年建筑行业全生命周期碳排放占全国碳排放总量约51%。因此，在当前碳达峰、碳中和的背景下，建筑领域的碳达峰是实现整体碳达峰的关键一环。建筑材料生产和建筑运行阶段所占比例较大，分别为28.2%和21.7%，施工阶段占1%。因此，建筑材料生产和建筑运行阶段减碳是建筑领域碳排放达峰的关键（图1-6）。

回顾全国全过程碳排放的变化趋势，2005—2020年，全国建筑全过程能耗由9.3亿t

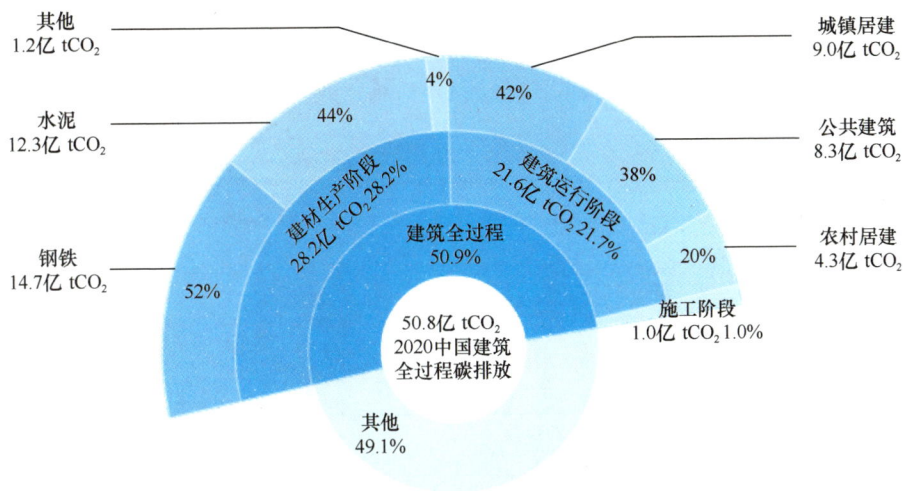

图 1-6 2020 年中国建筑全过程能耗与碳排放总量及占比情况

标准煤当量上升至 22.33 亿 t 标准煤当量，扩大 2.4 倍，年均增速为 6.0%。"十一五""十二五"和"十三五"期间的年均增速分别为 5.9%、8.3% 和 3.7%。2005—2020 年间，全国建筑全过程碳排放由 22.3 亿 tCO_2，上升至 50.8 亿 tCO_2，扩大 2.3 倍，年均增速为 5.6%。分阶段碳排放增速明显放缓，"十一五""十二五"和"十三五"期间年均增速分别为 7.8%、6.8% 和 2.3%。其中，2010—2015 年间的碳排放波动是由建筑材料生产碳排放的巨幅变动引起的。

1. 建筑材料生产碳排放

2020 年全国建筑业材料生产能耗为 11.10 亿 t 标准煤当量；碳排放为 28.17 亿 tCO_2，同比下降 7.1%。下降的主要原因是当年建筑材料的用量显著下降，钢材与水泥消费量均减少约 1 亿 t。建筑材料生产碳排放总体上处于上升趋势，从 2005 年 10.9 亿 tCO_2 上升至 2020 年 28.2 亿 tCO_2，年平均增长幅度为 6.5%，与能耗上涨增幅持平。"十三五"期间建筑材料生产碳排放年均增速为 2.0%，增速明显放缓，正步入平台期。建筑材料生产能耗与碳排放在"十二五"期间出现较大的波动（基于过程法和投入产出法的测算结果均出现较大波动），这是由于当年建筑材料消耗量统计数据出现较大变动。例如，2010 年全国建筑业钢材消耗量为 4.5 亿 t，2011 年与 2012 年全国建筑业钢材消耗量分别为 6.6 亿 t、9.2 亿 t，相比 2010 年分别增长了 46%、102%；2010 年全国建筑业铝材消耗量为 1.7 亿 t，2011 年与 2012 年全国建筑业铝材消耗量分别为 3.8 亿 t、6.4 亿 t，相比 2010 年分别增长了 119% 和 265%；同样，2010 年全国建筑业水泥消耗量为 15.2 亿 t，2011 年与 2012 年全国建筑业水泥消耗量分别为 28.4 亿 t、37.3 亿 t，相比 2010 年分别增长了 87%、146%。这导致 2011 年和 2012 年建筑材料生产能耗和碳排放的年平均增长率超过了 20%。从建筑材料种类来看，钢材和水泥的生产碳排放占建筑业建筑材料生产碳排放的 95% 以上，是最主要的影响因素。建筑业建筑材料生产能耗与碳排放变化趋势见图 1-7。

2. 建筑施工碳排放

建筑业施工碳排放增速持续放缓，已进入达峰预备期，总量增长空间有限。2020

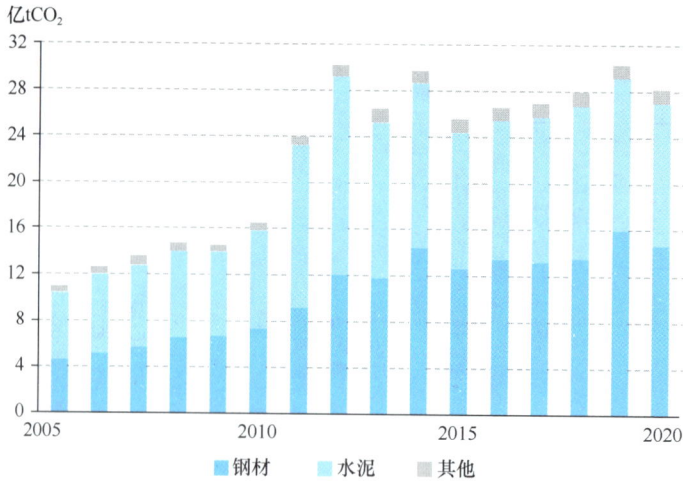

图 1-7　建筑业建筑材料生产能耗与碳排放变化趋势

年全国建筑业施工碳排放为 1.02 亿 tCO_2，同比下降 1.5％，其范围包括建筑工程施工（含新建建筑施工、既有建筑翻修施工和建筑拆除施工）和基础设施工程施工。"十一五""十二五"和"十三五"期间其年均增速分别为 7.9％、4.9％和 2.1％，呈现下降趋势。2013 年是增速变化的分界点，前后年均增速变化较大，从 8.1％下降至 1.4％。

施工面积的大幅增长是建筑业施工碳排放增长的主要驱动因素。2005 年至 2020年，我国建筑业施工面积从 35 亿 m^2 增长至 149 亿 m^2，扩大超过 3 倍，带来超 1 亿 tCO_2 的排放。但随着建造施工的绿色环保要求不断加强，清洁施工建造技术深入推广、施工过程能源结构不断优化，单位施工面积碳排放和单位建筑业增加值施工碳排放显著下降（图1-8）。15 年来，全国单位施工面积碳排放由 $14.0kgCO_2/m^2$ 降至 $6.8kgCO_2/m^2$，下降51％；单位建筑业增加值施工碳排放由 $0.48t\ CO_2/$万元降至 $0.14t\ CO_2/$万元，下降70％。排放强度的下降是施工碳减排的主要驱动因素。

3. 建筑运行碳排放

碳排放增速持续放缓，"十三五"期间已降至 2.8％。根据第七次全国人口普查数据推算得知，2020 年全国建筑存量为 696 亿 m^2。其中，80％为住宅建筑，20％为公共建筑；住宅建筑中，城镇居住建筑 320 亿 m^2，占比 58％，农村居住建筑 233 亿 m^2，占比 42％。受新冠疫情影响，2020 年的建筑运行能耗与碳排放增速明显放缓，全国建筑运行能耗为 10.6 亿 t 标准煤当量，同比增长 3.0％；碳排放 21.62tCO_2，同比增长1.5％。此外，参考 2021 年我国能源消费总量数据，并根据各建筑类型能耗占比与历年增长趋势对 2021 年的建筑碳排放情况进行预估，预计 2021 年我国建筑碳排放将回归正常增长速度，达到 22.4 亿 tCO_2。从变化趋势来看，2005—2020 年，建筑运行阶段能耗增长 5.8 亿 t 标准煤当量，年平均增长率为 5.4％；建筑运行阶段碳排放增长 10.7 亿 tCO_2，年平均增长率为 4.7％。碳排放年均增速小于能耗年均增速，表明建筑运行阶段能源相关的碳排放因子降低（建筑运行综合碳排放因子从 2005 年的 $2.3\ tCO_2/t$ 标准煤当量下降至2020 年的 $2.0\ tCO_2/t$ 标准煤当量），全国建筑能源结构逐渐优化（图1-9）。

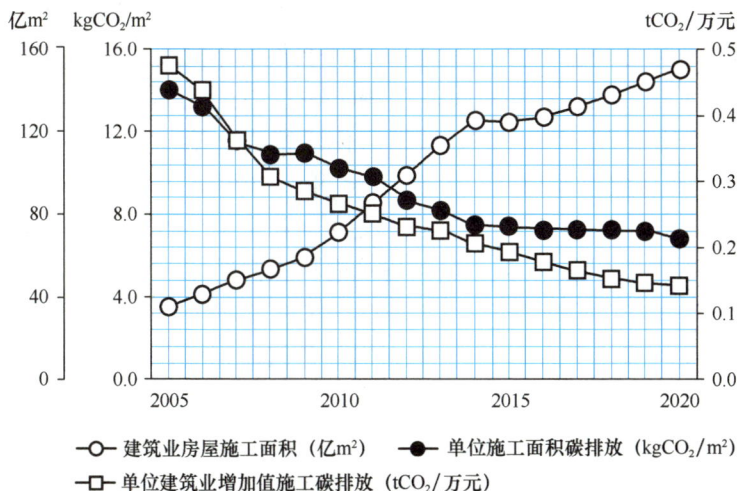

图 1-8 建筑施工面积及排放强度变化趋势

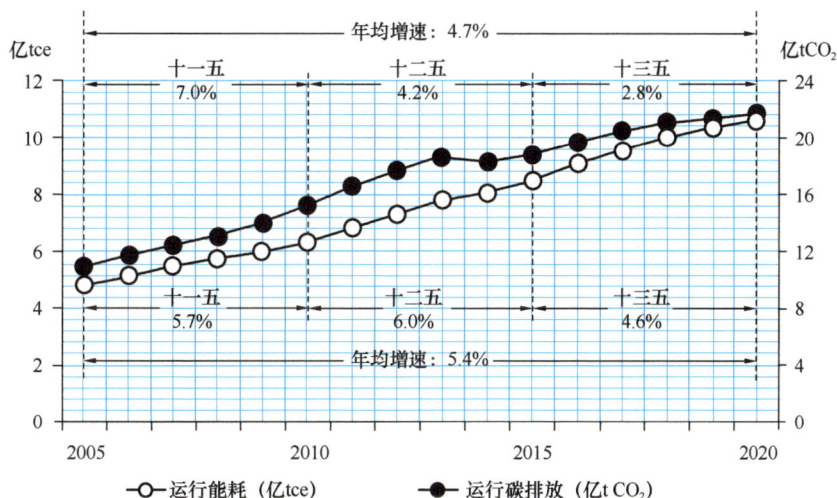

图 1-9 建筑运行阶段能耗与碳排放变化趋势

4. 建筑功能类型碳排放横向比对

公共建筑与城镇居住建筑碳排放增速高于农村居住建筑。2020 年，公共建筑、城镇居住建筑和农村居住建筑的碳排放分别为 8.34 亿 tCO_2、9.01 亿 tCO_2 和 4.27 亿 CO_2，占建筑碳排放总量的比例分别为 38.6%、41.7% 和 19.8%。受新冠疫情影响，公共建筑碳排放相比 2019 年有所降低；居住建筑则相反，上升趋势更加明显，这符合疫情下商场、写字楼等公共场所因封锁而能耗减少，人们更多居家办公而导致居住建筑能耗增长的现实。公共建筑和城镇居住建筑是碳排放增长的主要来源。2010—2020 十年间，公共建筑碳排放增长 51%（6.34 亿 tCO_2），城镇居住建筑增长 37%（2.42tCO_2）。农村居住建筑虽然也增长了 35%（1.11tCO_2），但因其原本就相对较少，且近年来随着城镇化率的不断增长，排放增长速率已放缓，其排放增量对总量的增加影响较小。"十三五"期间，公共建筑碳排放年均增速 2.8%；城镇居住建筑碳排放年均增速 3.4%；农村建筑碳排放年均增速 1.7%，基本步入平台期。不同类型的建筑的碳排放总量的增速不尽相同，但其占比情况相对固定。总的来看，公共建筑、城镇居住建筑和农村居住建筑的碳排放比重为"4∶4∶2"，城镇居住建筑略大于公共建筑。2020 年，我国城镇和农村的人均居住建筑面积分别为 35.6m² 和 46.0m²；人均公共建筑面积为 10.1m²。建筑面积方面，2010—2020 年，全国总建筑面积从 489 亿 m² 增加到 696 亿 m²，总计增长 42%，年均增长率为 3.6%。公共建筑面积急剧增加，从 78 亿 m² 增加到 142 亿 m²，增长 82%，年均增长率为 6.2%。城市居住建筑面积从 186 亿 m² 增加到 320 亿 m²，增长 73%，年均增长率为 5.6%。农村居住建筑面积受农村人口流出等因素的影响，仅增长 3%。城镇居住建筑体量较大且增长较快，是建筑面积增长的最主要来源。10 年间全国 206 亿 m² 的建筑面积增量中，公共建筑、城镇居住建筑和农村居住建筑的面积增量值分别为 64 亿 m²、135 亿 m² 和 8 亿 m²，增量占比分别为 31%、65% 和 3%。2020 年全国建筑碳排放强度为 31.1kgCO$_2$/m²，城镇居住建筑和农村居住建筑的碳排放强度分别为 28.1kgCO$_2$/m² 和 18.3kgCO$_2$/m²；公共建筑碳排放强度为 58.6kgCO$_2$/m²，显著高于另外两类建筑。2010—2020 年，全国建筑碳排放强度维持在 31kgCO$_2$/m² 附近的水平，多年来变动幅度较小。公共建筑和城镇居住建筑的碳排放强度分别下降 17% 和 21%；农村居住建筑碳排放强度升高 31%。建筑功能类型排放强度变化趋势见图 1-10。

图 1-10　建筑功能类型排放强度变化趋势

1.3.3　建筑行业的减碳路径

政策引导建筑零碳化，住房和城乡建设部 2015 年 11 月发布《被动式超低能耗绿色建筑技术导则（试行）》。2019 年 1 月 24 日，住房和城乡建设部发布了"关于发布国家标准《近零能耗建筑技术标准》的公告"。该《标准》将被动房和零能耗建筑的指标体系进行整合，为形成我国自有近零能耗建筑体系、指导行业发展提供了有力支撑。根据中国建筑科学研究院发布的《近零能耗建筑规模化推广政策、市场与产业研究》，现阶段我国近零能耗建筑产业规模较小，部分产品以进口为主，未来可采用政策引导方式通过产业集群推动产业升级、技术创新，创立自主品牌，进而带动产业链上下游的发展，形成新的经济增长点。

从节能建筑、绿色建筑、生态建筑、可持续性理念到最近的低碳，共同的目标都是为了降低二氧化碳的排放量。《近零能耗建筑技术标准》GB/T 51350—2019 中指出零碳建筑是充分利用建筑本体节能措施和可再生能源资源，使可再生能源二氧化碳减排量大于等于建筑全年全部二氧化碳排放量的建筑。目前，零能耗建筑正在初步发展阶段，加快零能耗建筑发展可助力建筑领域快速实现碳中和。2020 年 7 月 25 日，住房和城乡建设部、国家发展和改革委员会等七部门发布关于印发绿色建筑创建行动方案的通知，决定开展绿色建筑创建行动，同时公布了《绿色建筑创建行动方案》。《绿色建筑创建行动方案》实施以来，多省出台了绿色建筑相关政策要求，引领建筑领域向绿色低碳的方向发展，且绿色建筑的规模也在逐步壮大。未来，需要进一步完善政策体系和管理制度，通过政策引导逐步推进建筑领域走向零排放。

1. 实现建筑材料低碳化

建筑材料生产阶段的碳排放不容小觑，聚焦建筑材料工业板块，2020 年，中国水泥产量 23.77 亿 t，占全球的 55%；排放 CO_2 约 12.30 亿 t，占全国碳排放总量的 12.1%。中国 2020 年钢材产量 13.24 亿 t，钢铁行业碳排放量约占全国碳排放总量的 15%。建筑材料生产端也要减碳，建筑材料端减碳的路径主要有：调整优化产业产品结构，推动建筑材料行业绿色低碳转型发展；加强低碳技术研发，推进建筑材料行业低碳技术的推广应用；防止大拆大建，采用工业废弃物、烧结黏土等逐步取代传统矿物；研发并应用以 CO_2 作为生产原料的建筑材料或应该够吸收 CO_2 的建筑材料；加大建筑垃圾循环利用率，从建筑垃圾分类、回收处理、再生处理、资源化利用和产品应用五个步骤促进建筑垃圾资源回收利用；大力发展二氧化碳的收集、储存、利用技术并推广应用。

2. 提升建筑能效水平

目前我国城镇建筑中，节能建筑的比重约为 30%，有约 70% 需要改造；在每年的新建房屋中，大多都还是高耗能建筑，而既有建筑中不到 4% 采取了能源效率措施，因此，亟须提升建筑的能效水平。从建筑类型来看，居住类房屋能源消耗比重最大，占建筑总能耗的 70% 左右。相应的建筑清洁供暖工作将对建筑能效提升有很大影响。其他常见的建筑能效提升方式还有高效冷热源系统、高效照明系统、新风热回收等。

不断提高建筑节能标准，完善新建建筑节能技术体系，积极开展超低能耗建筑、近零能耗建筑建设也是提升能效水平的关键。从建筑物化过程中讲，装配式建筑也是提升建筑能效的有效路径。大量建筑构件和配件在预制工厂中生产完成，然后运输到施工现场，并采用可靠的安装方式将构件组装而成，这样可以低碳、高效地完成建筑物。根据《装配式高层住宅建筑全生命周期碳排放研究》，装配式建筑全生命周期内比传统现浇建筑节约 5.86% 的碳排放量，其中建筑材料准备、建筑施工和建筑回收阶段碳排放节约

10%以上。完善建筑节能技术体系和标准可促进建筑的能效提升。

3. 促进乡村建筑改造

我国农村的建筑面积约为 230 亿 m²，占全国居住总面积的 60%，消耗能源巨大，并且绝大多数为非环境友好型建筑。且乡村建筑的采暖形式多为直接燃烧获取能源，转化效率较低，并且对环境污染较大。因此，乡村建筑绿色低碳发展是实现建筑业绿色低碳发展的必由之路。加大绿色建筑材料的补贴力度，鼓励村民购买和使用低碳建筑材料。提高农房设计和建造水平，建设满足乡村生产生活实际需要的新型农房，完善水、电、气、厕配套附属设施，加强既有农房节能改造。推进既有建筑绿色化改造，鼓励城镇老旧小区改造、农村危房改造、高耗能建筑节能低碳改造等同步实施。实施可再生能源清洁供暖工程，利用太阳能、地热能等解决建筑供暖问题。

4. 推进可再生能源建筑应用

将可再生能源应用于建筑中，是实现建筑绿色低碳发展的关键环节。常用的可再生能源主要有太阳能、风能、地热能等。建筑光伏一体化（Building Integrated Pho BI-PV）是将光伏组件集成于建筑材料，实现建筑利用太阳能的产品。太阳能光伏因其清洁、安全、便利、高效等特点，成为实现建筑能耗平衡和替代的常用技术。2021 年 6 月 20 日，国家能源局综合司正式下发《关于报送整县（市、区）屋顶分布式光伏开发试点方案的通知》（以下简称《通知》）。该《通知》发布后，多地党政机关建筑屋顶，学校、医院、村委会等公共建筑屋顶，工商业厂房屋顶及农村居民屋顶总面积均要按要求安装光伏发电设备，加快了光伏发电在建筑上的应用。另外，分布式光伏发电并网系统与建筑结合，能降低建筑用电成本，提高电力利用率，促进实现建筑电力"自产自用""余电上网"，加快实现建筑零碳化。

5. 建筑运行电气化

电气化供暖、生活热水及空调的电气化与使用化石燃料提供同样服务相比，能够为用户在电器的寿命周期内节约成本并能减少碳排放量。随着电力系统中可再生能源占比的提高，电力需求弹性的价值也很有可能会提高。用户通过智能设备实现电力需求弹性的能力还能够进一步降低电气化的全生命周期成本。建筑电气化的技术路径包括：建筑用能需求的减少；用电设备的能效提升；用热需求的经济高效电能替代等。通过建筑电气化可减少建筑运行期的碳排放，助力建筑领域尽早实现碳达峰。

6. 建筑施工低碳化

建筑施工企业应依靠信息化技术来指导低碳生产管理的落实，以大量动态参数作为数据支撑，将设备配置、使用数量、施工进度、人员信息等全部录入数据库达到整体管理，从而实现人、机、料、法、环各因素优化配置，达到效率高、能耗低和排放少的效果，同时还能加快工程进度的推进。积极采用节能照明灯具和光能装置，设置过载保护系统以提高能源使用效率；科学管理施工现场优化配置建筑材料资源；设立低碳发展领导机构、制度体系、考核监督体系，设定周期性低碳减排目标及奖罚机制，以促进建筑施工过程的绿色、低碳化转型。

第 2 章

发 展 背 景

2.1　我国绿色低碳发展目标

2.1.1　平衡能源供需

改革开放以来，我国能源发展战略和各阶段规划目标围绕社会经济目标制定，对能源领域的引导作用越加突出。

1. 重点平衡能源供需，能源供应能力大幅提升（改革开放初—"七五"）

党的十一届三中全会（1978 年）以后，和平与发展成为时代主题。1982 年，党的十二大把发展能源工业确定为社会主义经济建设的战略重点，能源的开发和建设受到高度重视。改革开放至"七五"期间，我国能源战略重点在于保障供需，能源基建被列入投资重点，在山西、内蒙古、新疆等地建设大型能源生产基地。为达到能源增产目标，我国鼓励地方、部门和企业集资办电，对国家安排的电力基本建设，实行部门投资包干办法，加快统配煤矿的建设，同时促进地方矿、乡镇矿的改造和提高。对统配煤矿实行投入产出总承包，把煤矿建设重点放到现有矿井技术改造和改扩建上。鼓励地方、部门集资办煤矿。继续实行原油产量递增包干，搞好老油田的完善配套和改建扩建，加强天然气的勘探和开发，逐步改变油气发展不平衡的状况。

此阶段，节能均有提到。"六五"计划中提出，五年内，全国节约和少用能源要求达到 7000 万～9000 万 t 标准煤当量，五年内安排节能措施项目 1303 个，其中投资 1000 万元以上的重大技术改造项目 195 个。"七五"计划提出，进一步推动节能的技术改造，五年内，建设一批骨干节能项目以及技术先进、节能效果和经济效益好、有普遍推广意义的示范项目。"七五"期间，我国推进了各方面改革，形成了逐步推进的对外开放格局。能源的生产能力和运输能力都有不同程度增长，技术水平有所提高。这为 20 世纪 90 年代我国经济和社会的发展奠定了比较坚实的基础。

2. 从关注能源总量转向注重效益增长（"八五"—"九五"）

党的十三届四中全会（1989 年）后，我国各项工作取得新进展，与此同时，经济循环不畅、结构不合理、经济效益差等问题有待破解，能源安全、能源环境与效率、清洁可再生能源问题初现端倪。"八五"至"九五"期间，能源战略规划注重能源环境与效率，坚持节约与开发并举，促进优化能源结构和清洁可再生能源发展。

（1）坚持开发与节约并重，把节约放在突出位置

"八五"时期我国改革开放和现代化建设进入新的阶段。"八五"期间国内生产总值年均增长 12%，是增长速度最快、波动最小的五年，各方面都取得了很大成就。一些主要产品产量稳步增长超出规划目标，煤炭总量居世界第一位，发电量居世界第三位。"八五"至"九五"期间，我国能源战略规划转向能源环境与效率、清洁可再生能源发展及相应的法律法规制定。"八五"规划纲要把十年规划远景和五年中期安排结合起来，从实现 20 世纪末战略目标的要求出发制定"八五"计划。"八五"计划中首次提出，坚持开发与节约并重的方针，把节约放在突出位置。提出五年内，全国共节约和少用能源 1 亿 t 标准煤。相比于对能源产供的大力支持，能源节约的规划刚刚开始。

（2）提高能源生产效率，调整能源供需结构

"九五"时期，我国改革开放和社会主义现代化建设继往开来。"九五"计划纲要把2010年远景目标和五年中期规划相结合，重点放在"九五"计划，同时着眼于21世纪前10年的发展，提出远景目标。"九五"计划提出，坚持节约与开发并举，把节约放在首位，大力调整能源生产和消费结构。电力方面提出，坚持开发与节约并重，依靠技术进步，提高电能利用效率。节能提效被提到更加重要位置。"九五"计划提出，要推广先进技术，提高能源生产效率；坚持能源开发与环境治理同步进行，继续理顺能源产品价格。决定实施可持续战略，创造条件实施污染物排放总量控制。同时提出，加强节能立法和执法监督，制定节能标准和规范，强制淘汰高耗低效产品，大力推广高效节能产品。《中华人民共和国环境保护法》（1989）、《中华人民共和国节约能源法》（1998）等一批与能源相关的法律法规相继颁布实施。"九五"期间，我国成功实现经济"软着陆"后，果断实施积极的财政政策和稳健的货币政策，抑制了通货紧缩趋势，国民经济和社会发展取得巨大成就，经济运行质量与效益提高。"九五"时期我国能源供需矛盾相对缓和，能源瓶颈对国民经济的约束作用基本解除，煤炭甚至出现了供大于求。相对而言，能源结构性矛盾上升为主要矛盾，石油供不应求的问题最为突出，行业内部发展存在不平衡，结构失调情况。于"九五"计划（1996—2000年）时期，提出国家层面提倡开发具有自主知识产权的技术，于"十五"计划（2001—2005年）时期，提出国家层面提倡因地制宜发展新能源。

2.1.2 发展清洁能源

重视节约能源，提出节能减排约束性指标（"十五"—"十一五"）。

21世纪伊始，我国进入全面建设小康社会，加快推进社会主义现代化的新发展阶段，也进入经济结构战略性调整的重要时期。"十五"至"十一五"期间，节约资源被定位为基本国策，我国提出单位GDP能耗降低和主要污染物排放减少的约束性指标，各领域做出安排部署，节能减排取得显著成效（图2-1）。

1. 优化能源结构，提高利用效率

"十五"时期，我国提出要发挥资源优势，优化能源结构，提高利用效率，加强环境保护。进一步调整电源结构，充分利用现有发电能力，积极发展水电、坑口大机组火电，压缩小火电，适度发展核电，鼓励热电联产和综合利用发电。我国《"十五"能源发展重点专项规划》也提出，把优化能源结构作为能源工作的重中之重，努力提高能源效率、保护生态环境，加快西部开发。《新能源和可再生能源产业发展"十五"规划》于2001年发布，提出培育和规范市场，逐步实现企业规模化、产品标准化、技术国产化、市场规范化，推动新能源和可再生能源产业上一个新台阶。优化能源结构、提高能源利用效率成为同一时期能源规划的重点内容。

2. 降低单位GDP能耗和主要污染物排放

"十五"时期，国民经济持续较快发展，主要发展目标提前实现。"十五"计划首次提出主要污染物排放总量减少的目标，党的十六大提出走新型工业化道路。"十五"期末（2005年），我国能源生产能力大幅度提高，达到了22.9亿t标准煤，是改革开放初

期的 3.6 倍，形成了煤炭为主，石油、天然气、电力和其他新能源互为补充的能源生产结构，基本满足国内日益增长的能源需求。污染物排放总量也得到一定控制。

但在年均 9.5％经济增速和高耗能重化工业加速发展过程中，能源消费快速增长引起了能源供需失衡和生态环境问题，能源效率、节约能源工作力度加大。2005 年 5 月，我国设立了国家能源领导小组，对能源战略规划和重大政策等前瞻性、战略性工作进行指导，启动了《能源法》制定和《石油天然气法》的立法准备工作，颁布了《中华人民共和国可再生能源法》（2005 年）。以减少全球温室气体排放为核心目的的《京都议定书》2005 年 2 月正式生效，我国开始通过转变经济增长方式、提高能源效率等措施，降低能源使用，减少温室气体排放。

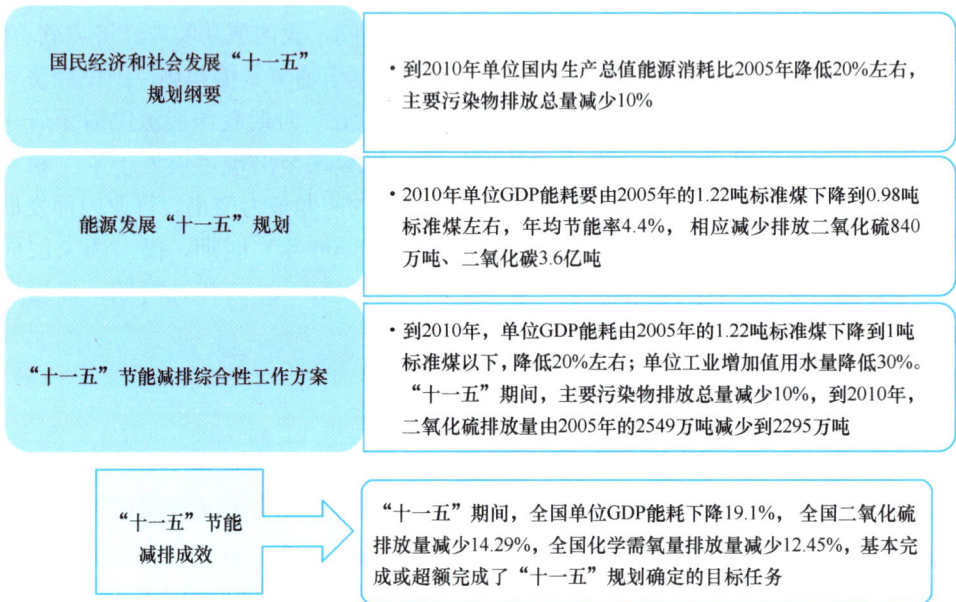

国民经济和社会发展"十一五"规划纲要	·到2010年单位国内生产总值能源消耗比2005年降低20%左右，主要污染物排放总量减少10%
能源发展"十一五"规划	·2010年单位GDP能耗要由2005年的1.22吨标准煤下降到0.98吨标准煤左右，年均节能率4.4%，相应减少排放二氧化硫840万吨、二氧化碳3.6亿吨
"十一五"节能减排综合性工作方案	·到2010年，单位GDP能耗由2005年的1.22吨标准煤下降到1吨标准煤以下，降低20%左右；单位工业增加值用水量降低30%。"十一五"期间，主要污染物排放总量减少10%，到2010年，二氧化硫排放量由2005年的2549万吨减少到2295万吨
"十一五"节能减排成效	"十一五"期间，全国单位GDP能耗下降19.1%，全国二氧化硫排放量减少14.29%，全国化学需氧量排放量减少12.45%，基本完成或超额完成了"十一五"规划确定的目标任务

图 2-1　"十一五"期间我国节能减排目标及成效

节约资源被定位为基本国策，节约排位在结构优化之前。"十一五"规划提出，必须加快转变经济增长方式。要把节约资源作为基本国策，发展循环经济，保护生态环境，加快建设资源节约型、环境友好型社会，促进经济发展与人口、资源、环境相协调。能源战略确定为"坚持节约优先、立足国内、煤为基础、多元发展，优化生产和消费结构，构筑稳定、经济、清洁、安全的能源供应体系"，并提出实行单位能耗目标责任和考核制度。"十一五"期间，我国先后制定和修订了《中国应对气候变化国家方案》（2007 年 6 月）、《中华人民共和国节约能源法》（2007 年修订）和《中华人民共和国循环经济促进法》（2008 年）等政策法规。

3. 加大可再生能源发展的支持力度

2007 年 4 月，我国《能源发展"十一五"规划》提出，在保护环境和做好移民工作的前提下积极开发水电，优化发展火电，推进核电建设，大力发展可再生能源。2007年 9 月我国颁布了《可再生能源中长期规划》，提出加快推进风力发电、生物质发电、太阳能发电的产业化发展，逐步提高优质清洁可再生能源在能源结构中的比例，力争到2010年使可再生能源消费量达到能源消费总量的10％，到2020年达到15％。国家在财政扶持及示范工程建设上提出系列措施，促进我国可再生能源市场与产业的发展。

在此期间，能源工业体制改革方向确立。"十一五"计划提出，要深化，逐步实行厂网分开、竞价上网，健全合理的电价形成机制。推进大型煤矿改造，建设高产高效矿井，开发煤层气资源。"十一五"规划提出，深化电力体制改革，巩固厂网分开，加快主辅分开，稳步推进输配分开和区域电力市场建设。

2.1.3 保障"双碳"目标

1. 污染防治攻坚战各项阶段性目标任务全面完成

党的十八大以来，我国污染防治攻坚战各项阶段性目标任务全面完成，生态环境得到显著改善，空气质量发生历史性变化。2013年北京PM2.5浓度为$89.5\mu g/m^3$，2021年降低到$33\mu g/m^3$，下降了近三分之二。与2015年相比，2021年全国地级及以上城市PM2.5平均浓度下降34.8％，优良天数比例达到87.5％，提高了6.3％。我国成为空气质量改善最快的国家。水环境质量发生转折性变化。这十年，地表水Ⅰ—Ⅲ类断面比例提升了23.3％，上升至84.9％，接近发达国家水平。地级及以上城市的黑臭水体基本消除，饮用水安全得到有效保障。

土壤环境质量发生基础性变化。我国出台了土壤污染防治法，开展农用地和建设用地的土壤污染状况详查，实施土壤污染风险管控。海洋环境质量显著改善。十年来，全国近岸海域水质优良比例提升约17.6％，达到81.3％。水清滩净、鱼鸥翔集、人海和谐的美丽海湾不断显现。尽管生态环境质量改善幅度很大，但还是中低水平上的提升，"十四五"期间要用更高的标准深入打好污染防治的攻坚战。

2. 生态系统的质量和稳定性提升

优美的自然生态是人与自然和谐共生的基础。截至2021年，全国森林覆盖率达到24.02％，森林蓄积量达到194.93亿m^3，森林面积和森林蓄积量连续保持"双增长"。这十年，我国生态环境保护制度得到系统性完善，制定了相关法律法规，生态保护的法治保障更加有力。我国建立了以国家公园为主体的自然保护地体系，正式设立了三江源等第一批5个国家公园，有效保护了90％的陆地生态系统类型和74％的国家重点保护野生动植物种群。

生态保护监管力度不断加大。中央生态环境保护督察有效解决了一批突出的生态环境破坏问题。生态环境部联合有关部门连续五年组织开展了"绿盾"自然保护地强化监督，推动国家级自然保护区5000多个问题得到整改，生态安全屏障有效巩固。我国实施了生物多样性保护重大工程和濒危物种的拯救工程，划定了35个生物多样性保护优先区域，112种特有珍稀濒危野生动植物实现了野外回归。此外，我国深度参与全球生物多样性治理，生物多样性保护目标执行情况好于全球平均水平。

3. 扭转二氧化碳排放快速增长的态势

党的十八大以来，我国将应对气候变化摆在国家治理更加突出的位置，实施积极应对气候变化的国家战略，不断提高碳排放强度的削减幅度，不断强化自主贡献目标

（NDC），推动经济社会发展走上全面绿色转型的轨道，取得了明显的成效。十年来，我国碳排放强度下降了 34.4%，扭转了二氧化碳排放快速增长的态势，绿色日益成为经济社会高质量发展的鲜明底色。我国稳步推进能源结构调整。十年来，煤炭消费占一次能源消费比重由 68.5% 下降到 2021 年的 56%，非化石能源消费占比提高 6.9%，达到 16.6%，可再生能源发电装机增长 2.1 倍。同时，产业结构不断优化升级。我国大力发展绿色低碳产业，持续严格控制高耗能、高排放项目的盲目扩张，依法依规淘汰落后产能，加快化解过剩产能。十年来，我国以年均 3% 的能源消费增速支撑了年均 6.5% 的经济增长，能耗强度累计下降 26.2%。我国持续提高碳汇能力和适应气候变化能力。

十年来，我国成为全球"增绿"的主力军，森林碳汇增长 7.3%。农业、基础设施等关键领域抵御气候风险的能力不断增强。此外，我国还推进全国碳市场建设，并为推动全球气候治理作出中国贡献。

2.1.4　升级经济结构

2021 年 12 月，中央经济工作会议首次释放能耗双控制度逐步转向碳排放双控制度的信号。2024 年 7 月 11 日，中央全面深化改革委员会第二次会议审议通过《关于推动能耗双控逐步转向碳排放双控的意见》。会议强调，要立足我国生态文明建设已进入以降碳为重点战略方向的关键时期，完善能源消耗总量和强度调控，逐步转向碳排放总量和强度双控制度。坚持先立后破，完善能耗双控制度，优化完善调控方式，加强碳排放双控基础能力建设，健全碳排放双控各项配套制度，为建立和实施碳排放双控制度积极创造条件。

然而，能耗双控要求与我国"双碳"战略并未完全衔接。能耗"双控"是指实行能源消耗总量和强度"双控"行动。我国从 1980 年发布《关于逐步建立综合能耗考核制度的通知》开始逐步确立能耗强度考核制度，并开始统计和考核"万元产值综合能耗"，到"十一五"期间实行全国强制考核，再到"十三五"期间由能耗强度单控提升为能耗强度和总量双控，对能源的使用提出更为严格的要求。在新态势下，可能会发生化石能源的利用还未穷极，而地球温室效应已经超过生态系统承受极限，导致生态系统崩溃等一系列问题。因此，我们不仅要减少化石能源燃烧，还要尽快抑制非能源来源的温室气体排放，比如石灰水泥等工业过程中释放的二氧化碳，以及农业生产等带来的甲烷、氧化亚氮等温室气体的排放，而风光电等清洁能源要鼓励使用，能耗双控升级为碳排放双控已成为历史必然。碳排放"双控"是指温室气体排放总量和强度的"双控"行动，主要控制对象为二氧化碳，是抑制碳排放过快增长乃至尽快碳达峰继而实现碳中和的行动。能耗"双控"转向碳排放"双控"，从国家发展战略角度考虑，如何压减化石能源燃烧，如何快速发展风光生物质等清洁能源，如何提高能效及增加碳汇、碳吸收等，产业革命和技术升级不可能一蹴而就，要先立后破，但又容不得从长计议，难度之大任务之艰前所未有，需要决策者和管理者发挥智慧，并以雷霆万钧、抓铁有痕的气魄和决心，开启当代最复杂、最庞大的系统性变革。

同时，能耗"双控"逐步转向碳排放"双控"是一场经济社会的系统性变革，不仅需要治理能力和体系的升级，更需要大量资金的投入。自"双碳"目标提出后，多家机构对该过程所需资金进行了估计，其资金需求量多在 14 万亿～22 万亿元左右，其中部分资金为高碳企业进行低碳转型融资需求，仅依靠政府财政投入显然无法满足需求，需要金融机构、社会投资等积极参与，由此绿色金融、转型金融、可持续金融等金融创新理念和创新产品应运而生。自 2016 年绿色金融成为全球共识以来，我国绿色信贷和绿色债券快速发展，但目前的绿色金融体系仅局限于支持符合"纯粹"绿色标准项目的投融资活动，对有低碳转型意愿的高碳企业等"棕色"项目很难获得资金支持。对此，由中美两国共同主持的 G20 可持续金融工作组于 2022 年 11 月在 G20 领导人峰会上正式发布《G20 转型金融框架》，引导各成员的金融监管部门建立转型金融政策，旨在推动金融支持高碳排放行业向绿色低碳转型。我国许多银行、保险公司、券商机构等相继开展了转型金融的业务。例如，2021 年 4 月，中国银行间市场交易商协会发布了国内首批可持续发展挂钩债券，工商银行、国开行等十余家金融机构作为主承销商积极进行市场推介。截至 2022 年 10 月，我国可持续发展挂钩债券规模已超 700 亿元，转型贴标债券规模超 300 亿元。在日前举行的首届国际碳中和博览会绿色金融平行论坛上，上海金融监管部门也透露正在探索制定具有地方特色的转型金融目录，多家银行将参与相关标准的制定，持续为降碳转型活动提供配套金融服务。

2.2　我国碳达峰碳中和工作的发展与要求

力争 2030 年前实现碳达峰、2060 年前实现碳中和，是立足新发展阶段、贯彻新发展理念、构建新发展格局、推动高质量发展的内在要求，是党中央统筹国内国际两个大局作出的重大战略决策，是着力解决资源环境约束突出问题、实现中华民族永续发展的必然选择，是构建人类命运共同体的庄严承诺。实现"双碳"目标任重道远，必须完整、准确、全面贯彻新发展理念，把党中央决策部署落到实处。

2.2.1　战略决策

进入新发展阶段，在追求更高质量、更有效率、更加公平、更可持续、更为安全的发展路径上，推进"双碳"既是顺天下大势而为，也是自身发展的内在需求。推进"双碳"，是我国破解资源环境约束突出问题、实现可持续发展的迫切需要。自然资源是国家发展之基、生态之源、民生之本。

2020 年我国石油和天然气对外依存度分别攀升至 73% 和 43%。铁、铜、镍、钴等战略性矿产品供应长期依赖国际市场；近 70% 的城市群、90% 以上的能源基地、65% 的粮食主产区缺水问题突出；对资源不当利用导致环境污染、生态退化。究其原因，一方面是我国人口众多、资源短缺、环境容量有限；另一方面是传统粗放的增长方式遇到了不可持续的危机。从源头上、从根本上跨过资源环境这道坎儿，走生态优先、绿色发展之路，成为现代化建设的战略抉择。

1. 支持新能源科技创新，推动社会经济发展

从长远看，相对于分布极不均衡的化石能源，如果能够构建起以风、光等可再生能

源为主的绿色低碳能源体系，就将大大降低国际地缘政治对我国的影响，提高能源安全自主保障水平，对构建能源发展新格局具有战略意义。事实上，新一轮产业竞争已经拉开帷幕。欧盟提出2035年前要完成深度脱碳关键技术的产业化研发，美国也计划在氢能、储能和先进核能领域加大研发投入。竞争远不止此，在全球低碳转型的大潮下，能源、电力、材料、建筑以及生产制造、交通运输等多领域将出现一系列创新成果，催生新产业、新业态、新产品和新服务。

2. 改善能源结构，建设美好家园

从发展的角度看，碳排放与大气污染物高度同根同源，发展绿色低碳能源与经济转型，是从源头上有效减少常规污染物排放。未来，随着末端污染治理的技术潜力收窄，源头减排将对我国2035年乃至2050年重点地区空气环境质量持续提升发挥更大作用。由此，推进"双碳"的行动，也是当前深入打好污染防治攻坚战的着力点。从自然的角度看，自然生态系统是碳汇的重要来源。推进"双碳"，将进一步深化人与自然生命共同体之间共生联系，通过生态保护修复提升生态系统碳汇能力，将带来生物多样性保护、土壤改善、空气质量净化等多重协同效益，实现高质量发展的"自然向好"及人与自然的和谐共生。

3. 积极应对百年之变局，激流潮涌显大国担当

实现"双碳"目标，既是我国生态文明建设和经济社会高质量发展的必然选择，也体现了积极促进国际大合作，让人类命运共同体行稳致远的大国担当。作为应对全球气候变化的重要参与者、贡献者、引领者，我国引领全球应对气候变化谈判进程，积极推动《巴黎协定》的签署、生效、实施，推动构建全球气候治理新体系。承诺实现从碳达峰到碳中和的时间，远远短于发达国家所用时间，这意味着我国作为世界上最大的发展中国家，将完成全球最高碳排放强度降幅，用全球历史上最短的时间实现从碳达峰到碳中和，并为实现这一目标付诸行动。以此向世界发出明确信号，即气候问题亟待解决，多边主义框架下的全球合作是解决气候问题的关键。

2.2.2　战略价值

与完成了工业化的发达国家不同，我国工业化、城镇化还在深入推进，经济仍保持着中高速增长，能源消费继续保持刚性增长。其次，发达国家从碳达峰到碳中和，过渡期短的有近40年、长的有70年，而我国只有30年。另外，我国经济产业偏重、能源偏煤、效率偏低，多年来形成的高碳路径依赖存在较大惯性。以能源结构为例，化石能源消费占比高达85%左右，燃煤发电更是占到全部发电量的62%左右。再看产业结构，世界公认的高碳且难减排的行业，包括煤炭、钢铁、石化、水泥等占比过高。我国钢铁产量全球占比超过50%，水泥产量全球占比接近60%。

发达国家的经历显示，如果不考虑绿能替代效应，那么碳减排曲线与一个国家的产业结构以及城市化率密切相关。一般来说，服务业占比达到70%或城市化率达到80%左右时，碳排放开始达峰并下降。而我国相较于发达国家表现出来的这两个结构特征还有一段距离（图2-2）。

我国实现"双碳"目标的困难和挑战是不容忽视的。同时也要看到，作为一项具有

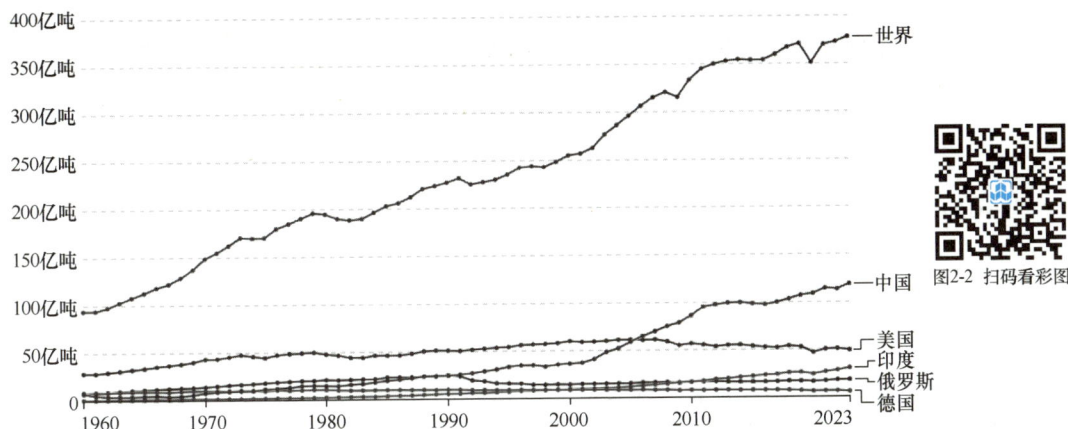

图2-2　中国、德国、印度、俄罗斯及美国的碳排放变化趋势图

重大影响的综合决策和战略抉择，它既不是空中楼阁，也不是好高骛远。我国拥有开发潜力巨大的可再生能源。我国能源禀赋固然可以说是"多煤、缺油、少气"，但丰富的可再生能源不应再被轻视。后者不仅储量巨大，而且成本正在快速下降。目前，我国已经开发的风能、太阳能均不到技术可开发量的十分之一，同时还有可观的生物质能、地热能、海洋能、固废能源化等。技术进步、规模化经济以及行业竞争，推动过去10年可再生能源发电成本急剧下降。2019年，全国光伏发电成本相比2010年降低了82%；陆上风电降低了39%，已经形成对煤电的价格优势，并且进入平价上网阶段。

目前，我国新能源产业已在国际上具有一定优势。历经40年发展，我国制造能力、研发能力、资金投入能力与市场规模早已今非昔比。以我国风电设备生产为例，在起步阶段的1997年，成本高达2500美元/kW，远高于欧美发达国家；2010年，降至700美元/kW左右；2015年以后，进一步减至500美元/kW，约为发达国家的一半。目前，我国光伏产业生产能力和市场规模均居世界第一，并已实现全产业链国产化。

新能源产业优势不仅得益于制造与创新能力，还因为有超大规模国内市场的支撑。2019年我国水能、风能、太阳能发电装机容量占世界比重分别达到30.1%、28.4%和30.9%，2008年至2018年年均增速分别为6.5%、102.6%和39.5%，而同期世界平均增速仅为2.5%、46.7%和19.1%。上述因素有利于在全球形成磁力效应，聚拢更多的资本和技术，为我国在新一轮产业竞争中换道超车创造条件。

相对于发达国家实现碳中和，我国还拥有绿色发展的"后发优势"。我国工业化、城镇化起步较晚，新增的工业产能和城市基础设施需求，可以通过发展绿色产能和绿色基建来实现，避免传统工业化、城镇化带来的"锁定效应"。此外，随着以重化工业较快发展为重要特征的工业化接近尾声，诸如前些年开始，钢铁水泥等行业出现了产能过剩迹象，传统制造业碳排放将陆续达峰并转入平台期，而先进制造业和现代服务业的比重将持续提升，新一代信息技术和绿色低碳技术应用日益广泛并向各产业领域渗透，将带来巨大的绿色低碳转型收益。

实现"双碳"目标，是我国经济社会发展到一定程度后的内在要求。当然，在这样广泛而深远的绿色转型中，一定要掌握好节奏，不能引起能源短缺危机，也要将能源价格保持在相对低廉的水平，既给百姓生活带来真真切切的便利，又使我国制造业继续在世界上保持足够竞争力。

2.2.3　总体要求

实现碳达峰、碳中和，是以习近平同志为核心的党中央统筹国内国际两个大局作出的重大战略决策，是着力解决资源环境约束突出问题、实现中华民族永续发展的必然选择，是构建人类命运共同体的庄严承诺。为完整、准确、全面贯彻新发展理念，做好碳达峰、碳中和工作，现提出如下意见。

以习近平新时代中国特色社会主义思想为指导，全面贯彻党的二十大、二十届三中全会精神，深入贯彻习近平生态文明思想，立足新发展阶段，贯彻新发展理念，构建新发展格局，坚持系统观念，处理好发展和减排、整体和局部、短期和中长期的关系，把碳达峰、碳中和纳入经济社会发展全局，以经济社会发展全面绿色转型为引领，以能源绿色低碳发展为关键，加快形成节约资源和保护环境的产业结构、生产方式、生活方式、空间格局，坚定不移地走生态优先、绿色低碳的高质量发展道路，确保如期实现碳达峰、碳中和。

实现碳达峰、碳中和目标，要坚持"全国统筹、节约优先、双轮驱动、内外畅通、防范风险"原则。

① 全国统筹。全国一盘棋，强化顶层设计，发挥制度优势，实行党政同责，压实各方责任。根据各地实际分类施策，鼓励主动作为、率先达峰。

② 节约优先。把节约能源资源放在首位，实行全面节约战略，持续降低单位产出能源资源消耗和碳排放，提高投入产出效率，倡导简约适度、绿色低碳的生活方式，从源头和入口上形成有效的碳排放控制阀门。

③ 双轮驱动。政府和市场两手发力，构建新型举国体制，强化科技和制度创新，加快绿色低碳科技革命。深化能源和相关领域改革，发挥市场机制作用，形成有效激励约束机制。

④ 内外畅通。立足国情实际，统筹国内国际能源资源，推广先进绿色低碳技术和经验。统筹做好应对气候变化对外斗争与合作，不断增强国际影响力和话语权，坚决维护我国发展权益。

⑤ 防范风险。处理好减污降碳和能源安全、产业链供应链安全、粮食安全、群众正常生活的关系，有效应对绿色低碳转型可能伴随的经济、金融、社会风险，防止过度反应，确保安全降碳。

2.2.4　发展目标

到 2025 年，绿色低碳循环发展的经济体系初步形成，重点行业能源利用效率大幅提升。单位国内生产总值能耗比 2020 年下降 13.5%；单位国内生产总值二氧化碳排放比 2020 年下降 18%；非化石能源消费比重达到 20% 左右；森林覆盖率达到 24.1%，森林蓄积量达到 180 亿 m^3，为实现碳达峰、碳中和奠定坚实基础。

到 2030 年,经济社会发展全面绿色转型取得显著成效,重点耗能行业能源利用效率达到国际先进水平。单位国内生产总值能耗大幅下降;单位国内生产总值二氧化碳排放比 2005 年下降 65% 以上;非化石能源消费比重达到 25% 左右,风电、太阳能发电总装机容量达到 12 亿 kW 以上;森林覆盖率达到 25% 左右,森林蓄积量达到 190 亿 m³,二氧化碳排放量达到峰值并实现稳中有降。

到 2060 年,绿色低碳循环发展的经济体系和清洁低碳安全高效的能源体系全面建立,能源利用效率达到国际先进水平,非化石能源消费比重达到 80% 以上,碳中和目标顺利实现,生态文明建设取得丰硕成果,开创人与自然和谐共生新境界。

1. 推进经济社会发展全面绿色转型

强化绿色低碳发展规划引领。将碳达峰、碳中和目标要求全面融入经济社会发展中长期规划,强化国家发展规划、国土空间规划、专项规划、区域规划和地方各级规划的支撑保障。加强各级各类规划间衔接协调,确保各地区各领域落实碳达峰、碳中和的主要目标、发展方向、重大政策、重大工程等协调一致。

优化绿色低碳发展区域布局。持续优化重大基础设施、重大生产力和公共资源布局,构建有利于碳达峰、碳中和的国土空间开发保护新格局。在京津冀协同发展、长江经济带发展、粤港澳大湾区建设、长三角一体化发展、黄河流域生态保护和高质量发展等区域重大战略实施中,强化绿色低碳发展导向和任务要求。

加快形成绿色生产生活方式。大力推动节能减排,全面推进清洁生产,加快发展循环经济,加强资源综合利用,不断提升绿色低碳发展水平。扩大绿色低碳产品供给和消费,倡导绿色低碳生活方式。把绿色低碳发展纳入国民教育体系。开展绿色低碳社会行动示范创建。凝聚全社会共识,加快形成全民参与的良好格局。

2. 深度调整产业结构

推动产业结构优化升级。加快推进农业绿色发展,促进农业固碳增效。制定能源、钢铁、有色金属、石化化工、建筑材料、交通、建筑等行业和领域碳达峰实施方案。以节能降碳为导向,修订产业结构调整指导目录。开展钢铁、煤炭去产能"回头看",巩固去产能成果。加快推进工业领域低碳工艺革新和数字化转型。开展碳达峰试点园区建设。加快商贸流通、信息服务等绿色转型,提升服务业低碳发展水平。

坚决遏制高耗能高排放项目盲目发展。新建、扩建钢铁、水泥、平板玻璃、电解铝等高耗能高排放项目严格落实产能等量或减量置换,出台煤电、石化、煤化工等产能控制政策。未纳入国家有关领域产业规划的,一律不得新建改扩建炼油和新建乙烯、对二甲苯、煤制烯烃项目。合理控制煤制油气产能规模。提升高耗能高排放项目能耗准入标准。加强产能过剩分析预警和窗口指导。

大力发展绿色低碳产业。加快发展新一代信息技术、生物技术、新能源、新材料、高端装备、新能源汽车、绿色环保以及航空航天、海洋装备等战略性新兴产业。建设绿色制造体系。推动互联网、大数据、人工智能、第五代移动通信(5G)等新兴技术与绿色低碳产业深度融合。

3. 加快构建清洁低碳安全高效能源体系

强化能源消费强度和总量双控。坚持节能优先的能源发展战略,严格控制能耗和二氧化碳排放强度，合理控制能源消费总量，统筹建立二氧化碳排放总量控制制度。做好产业布局、结构调整、节能审查与能耗双控的衔接，对能耗强度下降目标完成形势严峻的地区实行项目缓批限批、能耗等量或减量替代。强化节能监察和执法，加强能耗及二氧化碳排放控制目标分析预警，严格责任落实和评价考核。加强甲烷等非二氧化碳温室气体管控。

大幅提升能源利用效率。把节能贯穿于经济社会发展全过程和各领域，持续深化工业、建筑、交通运输、公共机构等重点领域节能，提升数据中心、新型通信等信息化基础设施能效水平。健全能源管理体系，强化重点用能单位节能管理和目标责任。瞄准国际先进水平，加快实施节能降碳改造升级，打造能效"领跑者"。

严格控制化石能源消费。加快煤炭减量步伐，"十四五"时期严控煤炭消费增长，"十五五"时期逐步减少。石油消费"十五五"时期进入峰值平台期。统筹煤电发展和保供调峰，严控煤电装机规模，加快现役煤电机组节能升级和灵活性改造。逐步减少直至禁止煤炭散烧。加快推进页岩气、煤层气、致密油气等非常规油气资源规模化开发。强化风险管控，确保能源安全稳定供应和平稳过渡。

积极发展非化石能源。实施可再生能源替代行动，大力发展风能、太阳能、生物质能、海洋能、地热能等，不断提高非化石能源消费比重。坚持集中式与分布式并举，优先推动风能、太阳能就地就近开发利用。因地制宜地开发水能。积极、安全、有序地发展核电。合理利用生物质能。加快推进抽水蓄能和新型储能规模化应用。统筹推进氢能"制储输用"全链条发展。构建以新能源为主体的新型电力系统，提高电网对高比例可再生能源的消纳和调控能力。

深化能源体制机制改革。全面推进电力市场化改革，加快培育发展配售电环节独立市场主体，完善中长期市场、现货市场和辅助服务市场衔接机制，扩大市场化交易规模。推进电网体制改革，明确以消纳可再生能源为主的增量配电网、微电网和分布式电源的市场主体地位。加快形成以储能和调峰能力为基础支撑的新增电力装机发展机制。完善电力等能源品种价格市场化形成机制。从有利于节能的角度深化电价改革，理顺输配电价结构，全面放开竞争性环节电价。推进煤炭、油气等市场化改革，加快完善能源统一市场。

4. 加快推进低碳交通运输体系建设

优化交通运输结构。加快建设综合立体交通网，大力发展多式联运，提高铁路、水路在综合运输中的承运比重，持续降低运输能耗和二氧化碳排放强度。优化客运组织，引导客运企业规模化、集约化经营。加快发展绿色物流，整合运输资源，提高利用效率。

推广节能低碳型交通工具。加快发展新能源和清洁能源车船，推广智能交通，推进铁路电气化改造，推动加氢站建设，促进船舶靠港使用岸电常态化。加快构建便利高效、适度超前的充换电网络体系。提高燃油车船能效标准，健全交通运输装备能效标识制度，加快淘汰高耗能高排放老旧车船。

积极引导低碳出行。加快城市轨道交通、公交专用道、快速公交系统等大容量公共交通基础设施建设，加强自行车专用道和行人步道等城市慢行系统建设。综合运用法律、经济、技术、行政等多种手段，加大城市交通拥堵治理力度。

5. 提升城乡建设绿色低碳发展质量

推进城乡建设和管理模式低碳转型。在城乡规划建设管理各环节全面落实绿色低碳要求。推动城市组团式发展，建设城市生态和通风廊道，提升城市绿化水平。合理规划城镇建筑面积发展目标，严格管控高能耗公共建筑建设。实施工程建设全过程绿色建造，健全建筑拆除管理制度，杜绝大拆大建。加快推进绿色社区建设。结合实施乡村建设行动，推进县城和农村绿色低碳发展。

大力发展节能低碳建筑。持续提高新建建筑节能标准，加快推进超低能耗、近零能耗、低碳建筑规模化发展。大力推进城镇既有建筑和市政基础设施节能改造，提升建筑节能低碳水平。逐步开展建筑能耗限额管理，推行建筑能效测评标识，开展建筑领域低碳发展绩效评估。全面推广绿色低碳建筑材料，推动建筑材料循环利用。发展绿色农房。

加快优化建筑用能结构。深化可再生能源建筑应用，加快推动建筑用能电气化和低碳化。开展建筑屋顶光伏行动，大幅提高建筑供暖、生活热水、炊事等电气化普及率。在北方城镇加快推进热电联产集中供暖，加快工业余热供暖规模化发展，积极稳妥推进核电余热供暖，因地制宜推进热泵、燃气、生物质能、地热能等清洁低碳供暖。

6. 加强绿色低碳重大科技攻关和推广应用

强化基础研究和前沿技术布局。制定科技支撑碳达峰、碳中和行动方案，编制碳中和技术发展路线图。采用"揭榜挂帅"机制，开展低碳零碳负碳和储能新材料、新技术、新装备攻关。加强气候变化成因及影响、生态系统碳汇等基础理论和方法研究。推进高效率太阳能电池、可再生能源制氢、可控核聚变、零碳工业流程再造等低碳前沿技术攻关。培育一批节能降碳和新能源技术产品研发国家重点实验室、国家技术创新中心、重大科技创新平台。建设碳达峰、碳中和人才体系，鼓励高等学校增设碳达峰、碳中和相关学科专业。

加快先进适用技术研发和推广。深入研究支撑风电、太阳能发电大规模友好并网的智能电网技术。加强电化学、压缩空气等新型储能技术攻关、示范和产业化应用。加强氢能生产、储存、应用关键技术研发、示范和规模化应用。推广园区能源梯级利用等节能低碳技术。推动气凝胶等新型材料研发应用。推进规模化碳捕集利用与封存技术研发、示范和产业化应用。建立完善的绿色低碳技术评估、交易体系和科技创新服务平台。

7. 持续巩固提升碳汇能力

巩固生态系统碳汇能力。强化国土空间规划和用途管控，严守生态保护红线，严控生态空间占用，稳定现有森林、草原、湿地、海洋、土壤、冻土、岩溶等固碳作用。严格控制新增建设用地规模，推动城乡存量建设用地盘活利用。严格执行土地使用标准，加强节约集约用地评价，推广节地技术和节地模式。

提升生态系统碳汇增量。实施生态保护修复重大工程，开展山水林田湖草沙一体化保护和修复。深入推进大规模国土绿化行动，巩固退耕还林还草成果，实施森林质量精准提升工程，持续增加森林面积和蓄积量。加强草原生态保护修复。强化湿地保护。整体推进海洋生态系统保护和修复，提升红树林、海草床、盐沼等固碳能力。开展耕地质量提升行动，实施国家黑土地保护工程，提升生态农业碳汇。积极推动岩溶碳汇开发利用。

8. 提高对外开放绿色低碳发展水平

加快建立绿色贸易体系。持续优化贸易结构，大力发展高质量、高技术、高附加值绿色产品贸易。完善出口政策，严格管理高耗能高排放产品出口。积极扩大绿色低碳产品、节能环保服务、环境服务等进口。

推进绿色"一带一路"建设。加快"一带一路"投资合作绿色转型。支持共建"一带一路"国家开展清洁能源开发利用。大力推动南南合作，帮助发展中国家提高应对气候变化能力。深化与各国在绿色技术、绿色装备、绿色服务、绿色基础设施建设等方面的交流与合作，积极推动我国新能源等绿色低碳技术和产品走出去，让绿色成为共建"一带一路"的底色。

加强国际交流与合作。积极参与应对气候变化国际谈判，坚持我国发展中国家定位，坚持共同但有区别的责任原则、公平原则和各自能力原则，维护我国发展权益。履行《联合国气候变化框架公约》及《巴黎协定》，发布我国长期温室气体低排放发展战略，积极参与国际规则和标准制定，推动建立公平合理、合作共赢的全球气候治理体系。加强应对气候变化国际交流合作，统筹国内外工作，主动参与全球气候和环境治理。

9. 健全法律法规标准和统计监测体系

健全法律法规。全面清理现行法律法规中与碳达峰、碳中和工作不相适应的内容，加强法律法规间的衔接协调。研究制定碳中和专项法律，抓紧修订节约能源法、电力法、煤炭法、可再生能源法、循环经济促进法等，增强相关法律法规的针对性和有效性。

完善标准计量体系。建立健全碳达峰、碳中和标准计量体系。加快节能标准更新升级，抓紧修订一批能耗限额、产品设备能效强制性国家标准和工程建设标准，提升重点产品能耗限额要求，扩大能耗限额标准覆盖范围，完善能源核算、检测认证、评估、审计等配套标准。加快完善地区、行业、企业、产品等碳排放核查核算报告标准，建立统一规范的碳核算体系。制定重点行业和产品温室气体排放标准，完善低碳产品标准标识制度。积极参与相关国际标准制定，加强标准国际衔接。

提升统计监测能力。健全电力、钢铁、建筑等行业领域能耗统计监测和计量体系，加强重点用能单位能耗在线监测系统建设。加强二氧化碳排放统计核算能力建设，提升信息化实测水平。依托和拓展自然资源调查监测体系，建立生态系统碳汇监测核算体系，开展森林、草原、湿地、海洋、土壤、冻土、岩溶等碳汇本底调查和碳储量评估，实施生态保护修复碳汇成效监测评估。

10. 完善政策机制

完善投资政策。充分发挥政府投资引导作用，构建与碳达峰、碳中和相适应的投融资体系，严控煤电、钢铁、电解铝、水泥、石化等高碳项目投资，加大对节能环保、新能源、低碳交通运输装备和组织方式、碳捕集利用与封存等项目的支持力度。完善支持社会资本参与政策，激发市场主体绿色低碳投资活力。国有企业要加大绿色低碳投资，积极开展低碳零碳负碳技术研发应用。

积极发展绿色金融。有序推进绿色低碳金融产品和服务开发，设立碳减排货币政策工具，将绿色信贷纳入宏观审慎评估框架，引导银行等金融机构为绿色低碳项目提供长期限、低成本资金。鼓励开发性政策性金融机构按照市场化法治化原则为实现碳达峰、碳中和提供长期稳定融资支持。支持符合条件的企业上市融资和再融资用于绿色低碳项目建设运营，扩大绿色债券规模。研究设立国家低碳转型基金。鼓励社会资本设立绿色低碳产业投资基金。建立健全绿色金融标准体系。

完善财税价格政策。各级财政要加大对绿色低碳产业发展、技术研发等的支持力度。完善政府绿色采购标准，加大绿色低碳产品采购力度。落实环境保护、节能节水、新能源和清洁能源车船税收优惠。研究碳减排相关税收政策。建立健全促进可再生能源规模化发展的价格机制。完善差别化电价、分时电价和居民阶梯电价政策。严禁对高耗能、高排放、资源型行业实施电价优惠。加快推进供热计量改革和按供热量收费。加快形成具有合理约束力的碳价机制。

推进市场化机制建设。依托公共资源交易平台，加快建设完善全国碳排放权交易市场，逐步扩大市场覆盖范围，丰富交易品种和交易方式，完善配额分配管理。将碳汇交易纳入全国碳排放权交易市场，建立健全能够体现碳汇价值的生态保护补偿机制。健全企业、金融机构等碳排放报告和信息披露制度。完善用能权有偿使用和交易制度，加快建设全国用能权交易市场。加强电力交易、用能权交易和碳排放权交易的统筹衔接。发展市场化节能方式，推行合同能源管理，推广节能综合服务。

第 **3** 章

发 展 历 程

3.1　我国绿色低碳建筑发展历程

3.1.1　起步阶段

20 世纪 70—90 年代，在经历了 3 次石油危机后，我国明确提出了"建筑节能分步走"的战略规划，并于 1986 年颁布了《民用建筑节能设计标准（采暖居住建筑部分）》JGJ 26—1986，要求新建居住建筑在 1980 年当地通用设计能耗水平上节能 30％。到 1995 年，标准开始要求严寒地区与寒冷地区实现 50％的节能率，并逐步推广到夏热冬冷与夏热冬暖地区（《民用建筑节能设计标准》JGJ 26—1995、《夏热冬冷地区居住建筑节能设计标准》JGJ 134—2001、《夏热冬暖地区居住建筑节能设计标准》JGJ 75—2003）。到 21 世纪前十年，各省市陆续出台设计标准将节能率设定在 65％。

3.1.2　发展阶段

2005 年后，清洁能源行业的引入让我们了解到光伏建筑一体化、光热建筑一体化技术，并开始利用"绿色建筑"概念进行商业包装，我国将已有的节能建筑标准与绿色建筑概念相结合，推出了绿色建筑技术规范和标准。2006 年，住房和城乡建设部正式颁布了《绿色建筑评价标准》，将绿色建筑定义为"全生命周期内，最大限度地节约资源（节能、节地、节水、节材）、保护环境、减少污染"。2007 年 8 月，住房和城乡建设部又出台了《绿色建筑评价技术细则（试行）》和《绿色建筑评价标识管理办法》，逐步完善适合中国国情的绿色建筑评价体系。2009 年、2010 年分别启动了《绿色工业建筑评价标准》GB/T 50878—2013、《绿色办公建筑评价标准》GB/T 50908—2013 的编制工作。2012 年 5 月，中华人民共和国财政部发布《关于加快推动中国绿色建筑发展的实施意见》。

2009 年 8 月，中国政府发布了《关于积极应对气候变化的决议》，提出要立足国情发展绿色经济、低碳经济。2009 年 11 月底，在积极迎接哥本哈根气候变化会议召开之前，中国政府做出决定，到 2020 年单位国内生产总值二氧化碳排放将比 2005 年下降40％～45％，作为约束性指标纳入国民经济和社会发展中长期规划，并制定相应的国内统计、监测、考核。由此，绿色建筑的发展迈向新阶段，我国首个地方标准《低碳建筑评价标准》DBJ50/T-139—2012 正式实施，我国绿色建筑评价标识项目数量得到了大幅度的增长，绿色建筑技术水平不断提高，呈现出良性发展的态势。截至 2011 年底，中国取得绿色建筑标志的项目达 353 项，2647 栋建筑，3488 万 m^2，其中设计标识项目330 项，建筑面积为 3272 万 m^2；运行标识项目 23 项，建筑面积为 216 万 m^2。2013 年1 月 6 日，国务院发布了《国务院办公厅关于转发发展改革委、住房城乡建设部绿色建筑行动方案的通知》提出"十二五"期间完成新建绿色建筑 10 亿 m^2；到 2015 年末，20％的城镇新建建筑达到绿色建筑标准要求。同时，还对"十二五"期间绿色建筑的方案、政策支持等予以明确。

3.1.3 成熟阶段

2014 年，《绿色建筑评价标准》GB/T 50378—2014 完成了第一次修订工作，在原有的评价体系上增加了施工管理项与创新项。2019 年《绿色建筑评价标准》GB/T 50378—2019（2024 年版）完成了第二次修订。无论在评价对象、评价阶段、技术体系、评价等级及评价方法上，都依据十几年的实践经验进行了较大改进。在绿色建筑标准不断发展的过程中，我国绿色建筑体量也得到了长足增长，根据住房和城乡建设部数据显示，我国新建绿色建筑面积占新建建筑的比例已经超过 90%，全国新建绿色建筑面积已经由 400 万 m² 增长至 20 多亿 m²。到 2025 年，城镇新建建筑全面建成绿色建筑，建筑能源利用效率稳步提升，建筑用能结构逐步优化，建筑能耗和碳排放增长趋势得到有效控制，基本形成绿色、低碳、循环的建设发展方式，为城乡建设领域 2030 年前碳达峰奠定坚实基础。

在绿色建筑标准不断发展的同时，节能减碳系列标准也同步进行了更新。2019 年，《近零能耗建筑技术标准》GB/T 51350—2019、《近零能耗建筑测评标准》和《建筑碳排放计算标准》GB/T 51366—2019 发布，对制定零碳建筑认定和评价方法具有重要的指导意义。住房和城乡建设部日前印发的《"十四五"建筑节能与绿色建筑发展规划》提出，2025 年，完成既有建筑节能改造面积 3.5 亿 m² 以上，建设超低能耗、近零能耗建筑 0.5 亿 m² 以上，装配式建筑占当年城镇新建建筑的比例达到 30%，全国新增建筑太阳能光伏装机容量 0.5 亿 kW 以上，地热能建筑应用面积 1 亿 m² 以上，城镇建筑可再生能源替代率达到 8%，建筑能耗中电力消费比例超过 55%。

3.1.4 国内绿色建筑领域相关组织机构的发展历程

1. 中国城市科学研究会绿色建筑与节能专业委员会

中国城市科学研究会绿色建筑与节能专业委员会（简称：中国城科会绿色建筑委），英文名称 China Green Building Council，缩写为 China GBC，是经中国科协批准，民政部登记注册的中国城市科学研究会的分支机构，是协助政府推动我国绿色建筑发展的全国性、公益性学术团体，业务归住房和城乡建设部指导。China GBC 由全国从事绿色建筑研究与实践的专家、学者、专业技术人员和城市规划、建筑设计、房地产开发、工程建设、咨询服务及科研、教育等有关部门和企事业单位组成。

China GBC 的办会宗旨为：坚持科学发展观，面向经济建设，深入研究社会主义市场经济条件下发展绿色建筑与建筑节能的理论与政策，努力创建适应中国国情的绿色建筑与建筑节能的科学体系，提高我国在快速城镇化过程中资源能源利用效率，保障和改善人居环境；积极参与国际学术交流，推动绿色建筑与建筑节能的技术进步，促进绿色建筑科技人才成长；发挥桥梁与纽带作用，为促进我国绿色建筑与建筑节能事业的发展作出贡献。China GBC 以产研结合、务实创新、服务行业、民主协商为办会原则，开展绿色建筑与节能理论研究、学术交流和国际合作、组织专业技术培训，编辑出版专业书刊，开展宣传教育活动，普及绿色建筑的相关知识，向政府主管部门和企业提供咨询服务等业务。

中国城市科学研究会绿色建筑与节能专业委员会自 2008 年 3 月成立，致力于推进绿色建筑的发展与普及，确定了抓两条线的工作路线：一是促进地方绿色建筑机构建设，形成推进工作的联盟和网络，发挥中央和地方两个积极性；二是内部设置专业学组，形成专业技术核心，开展学术和技术研发与交流活动。通过地方绿色建筑机构拓展推广的区域和范围，通过专业学组的学术活动引导深化绿色建筑的发展。

截至 2017 年底，已组建了 18 个专业学组（绿色校园学组、智能学组、绿色建筑与绿色金融学组等），与 30 个省、自治区、直辖市的地方机构建立了紧密的业务联系，基本形成覆盖全国和各专业领域的绿色建筑推广网络。针对绿色建筑与地域性条件和环境密切相关的突出特点，倡导并分别建立了热带和亚热带地区、夏热冬冷地区以及严寒和寒冷地区绿色建筑联盟，搭建起专业学术与技术领域深入研讨和交流的平台，成功举办了地域性绿色建筑技术论坛，探讨地区绿色建筑发展面临的共性问题，推动地区绿色建筑的快速深入发展。与世界绿色建筑委员会（WGBC）及美国、澳大利亚、新加坡等国家和地区绿色建筑委员会及其他相关组织建立了友好关系，组织互访，交流研讨，开展合作项目，共同促进发展绿色建筑。

2. 地方合作机构介绍

1）中国绿色建筑与节能（香港）委员会

中国绿色建筑与节能（香港）委员会（简称"香港绿委会"），于 2010 年 5 月 15 日成立，长期致力于香港及粤港澳大湾区绿色建筑的交流与合作，建立了以香港为核心的国际绿色建筑交流平台。香港绿委会在中央人民政府驻香港特别行政区联络办公室的支持下，积极推动绿色建筑的研究及合作，把握"因地制宜"的原则，于香港大力推广《绿色建筑评价标准》，并组织专业技术培训及青年人才培养活动，为香港专业界提供广阔的国际交流平台。

2）广西建设科技与建筑节能协会

广西建设科技与建筑节能协会于 2004 年 12 月 17 日经广西壮族自治区民政厅批准成立。协会以市场为导向，以企业为主体，以科技为纽带，充分发挥行业协会的作用，着重抓好建筑节能工作，尽快提升广西建设科技整体水平，为我区建设事业可持续发展提供持久的科技动力。协会将组织开展建设行业的技术创新、"四新"推广、经验交流、咨询服务等活动，服务社会，以适应市场经济发展和政府职能转变的要求。协会积极为拥有先进技术的企业开拓市场贡献力量，包括协助组织举办专场新技术推广会和研讨会，协助企业加强技术宣传，协助进行技术鉴定等。

3）深圳市绿色建筑协会

深圳市绿色建筑协会由深圳市从事绿色建筑行业相关的企业（其他经济组织、个体工商户）自愿组成的地方性、行业性、非营利性的 5A 级社会组织，协会经深圳市民政局批准于 2008 年 12 月 8 日成立，是全国首家绿色建筑领域的市一级行业协会，业务指导单位为深圳市住房和建设局，创始会长单位为深圳市建筑科学研究院股份有限公司，现任会长单位为中建科工集团有限公司。协会以"发展绿色建筑，促进循环经济"为宗旨，自成立以来，多次获得中国城市科学研究会绿色建筑与节能委员会颁发的"先进单位"荣誉称号。

4）中国绿色建筑委员会江苏省委员会

2010 年中国绿色建筑委员会在江苏设立地方联络机构，与江苏省建筑节能协会合署办公，共同开展工作。协会成立于 2008 年，是由江苏省住房和城乡建设厅主管、江苏省民政厅批准成立的省级建筑节能领域的行业组织。协会会员主要由江苏省内从事建筑节能、绿色建筑及相关产品的生产、流通、科研、设计、管理、应用等单位组成。协会会长为江苏省住房和城乡建设厅科技处原处长陈继东，秘书长为江苏省建筑科学研究院有限公司总经理刘永刚。

5）厦门市土木建筑学会绿色建筑分会

厦门市土木建筑绿色建筑分会（前身厦门市绿色建筑与节能专业委员会）于 2009 年 1 月成立，属厦门市土木建筑学会分支机构，由从事绿色建筑与节能专业工作的有关单位和个人自愿组成的群众团体组织；是联合科研学术机构和产业，共同研究、实践适合我国国情的绿色建筑与建筑节能的理论与技术集成系统、推动我国绿色建筑发展的非营利性学术团体。本会的宗旨是：遵守国家宪法、法律、法规和政策，团结和依靠绿色建筑与节能专业广大科技工作者，广泛开展绿色建筑与节能领域的科学研究、技术交流、技术协作及技术咨询、培训、研讨等活动，多出成果、多出人才，为推动我市绿色建筑与建筑节能领域的技术进步作出贡献。2010 年 1 月，住房和城乡建设部批准厦门开展一、二星级绿色建筑评价工作的资格，受市建设局的委托，该协会负责本市绿色建筑的具体组织实施等日常管理工作。为贯彻落实《住房城乡建设部办公厅关于绿色建筑评价标识管理有关工作的通知》（建办科〔2015〕53 号）精神，促进绿色建筑快速健康发展，市建设局积极转变政府职能，推行绿色建筑标识实施第三方评价。2017 年 4 月，厦门市土木建筑学会绿色建筑分会为首批第三方评价机构，负责一至三星级绿色建筑评价标识的具体组织实施等日常管理工作，并接受厦门市建设局的指导和监督。现有绿色建筑专家 150 人，涵盖建筑、电气、给水排水、暖通等各个专业，截至 2019 年底，该协会依据《福建省绿色建筑评价标准》已完成一至三星级绿色建筑评价标识评审项目超过 40 个，为推动美丽厦门、绿色建筑发展积累了丰富的理论和实践经验。

6）山东省绿色建筑专业委员会

山东绿色建筑专业委员会是山东土木建筑学会所属专委会，秘书处设在山东省建筑科学研究院有限公司。成员主要来自全省高校、科研、设计、咨询、施工、开发等单位，目前共计 55 家，代表全部具有高级职称。设有规划与建筑、建筑结构、建筑节能、绿色建筑材料、绿色施工、电气与智能化等专业组。

7）辽宁省土木建筑学会绿色建筑委员会

辽宁省土木建筑学会成立于 1959 年 11 月。学会下设 25 个分会、专业委员会，现有 75 家团体会员单位，现任理事长为沈阳建筑大学博士生导师石铁矛教授。学会下设的绿色建筑委员会成立于 2017 年 3 月，其依托单位为沈阳建筑大学，现任主任委员为石铁矛教授（兼）、秘书长为沈阳建筑大学严寒地区节能建筑研究中心副主任夏晓东。绿色建筑委员会自成立以来，以"构建平台"和"工程示范"作为工作重点，广泛开展了国际合作、学术交流与技术培训，促进了行业的技术进步。

8）天津市城市科学研究会绿色建筑专业委员会

成立于 2010 年 4 月 17 日，是天津市城市科学研究会的分支机构，天津市住建委主管的非营利性学术团体，成为全面、均衡地反映绿色建筑全产业链整体利益的平台，围绕绿色建筑的规划、设计、建设、运行和管理，发挥行业纽带和桥梁的作用，促进绿色建筑及相关技术的推广应用，推动绿色建筑人才的培养，开展国际国内交流合作，进行绿色建筑的宣传推广，探索和实践建筑业的可持续发展。

9）重庆市绿色建筑与建筑产业化协会绿色建筑专业委员会

重庆市绿色建筑与建筑产业化协会绿色建筑专业委员会成立于 2010 年 12 月，是重庆市绿色建筑与建筑产业化协会的分支机构，是中国城市科学研究会绿色建筑与节能专业委员会的地方合作机构，是重庆市住房和城乡建设委员会管理的推进重庆市绿色建筑工作的行业组织，是重庆市开展绿色建筑推广、交流、宣贯、科研工作的专门学术组织。设立秘书组办公室，并负责西南地区绿色建筑基地工作。

10）湖北省土木建筑学会绿色建筑与节能专业委员会

湖北省土木建筑学会绿色建筑与节能专业委员会是湖北省土木建筑学会下设的二级非营利性学术社团组织，同时也是中国城市科学研究会绿色建筑与节能专业委员会在湖北的分支机构。专业委员会成立于 2010 年 12 月，主任委员单位为湖北省建筑科学研究设计院股份有限公司。目前，会员单位 28 个，委员 49 名，其中主任委员 1 名、副主任委员 7 名、秘书长 1 名。49 名委员均为省内绿色建筑和节能领域的知名专家，专业委员会本着严谨、求实、科学的态度，根据湖北省绿色建筑发展需要，对可能形成新理念、新技术的科学问题进行研究，开展绿色建筑与节能领域的学术、信息交流，促进绿色建筑与节能理论研究和工程应用，以推动湖北省在该领域的科技进步。

11）上海市绿色建筑协会

2013 年 6 月，上海市绿色建筑协会经上海市社会团体管理局和上海市住房和城乡建设管理委员会（原上海市城乡建设和交通委员会）批准成立，确定了"以服务会员需求为宗旨，以落实政府要求为导向，以发展绿色建筑为目标"的工作思路。它是由上海市从事绿色建筑科研、咨询、规划、设计、建设、开发、施工、管理及相关产品生产的企事业单位、机构及个人自愿组成的专业性非营利社会团体法人。

12）安徽省建筑节能与科技协会

安徽省建筑节能与科技协会是由省内建筑节能、绿色建筑、装配式建筑等相关领域的高校、科研院所、房地产开发企业、新技术创新企业等自愿组成的，经安徽省民政厅批准、归属安徽省住房和城乡建设厅主管的全省性非营利性社会团体。

13）广东省建筑节能协会

广东省建筑节能协会由省内从事城市规划、建筑设计、建筑施工、建筑安装、施工图审查、建设监理、建筑材料、节能检测、设备生产（经销）等企业和单位，相关大专院（校）、科研院所和从事建筑节能技术研究、应用的专家学者和管理等人员自愿组成的非营利性社会组织。具有社会团体法人资格，合法权益受国家法律保护，享有民事权利和独立承担民事义务，接受广东省住房和城乡建设厅业务指导，接受广东省民政厅的监督管理。于 2010 年 2 月 26 日正式登记成立。协会的宗旨是：遵守法律、法规，认真贯彻执行党和国家的方针、政策，遵守社会公德；整合建筑节能资源，开展建筑节能经济技术交流，促进建筑节能技术进步；当好政府的参谋和助手；努力为会员单位服务，维护会员合法权益，推动全省建筑节能事业的发展。

14）内蒙古绿色建筑协会

内蒙古绿色建筑协会是依法登记的非营利性的行业性社会团体组织，由内蒙古自治区建设行业及其他相关行业所有致力于推进绿色建筑发展的政府部门、社团、企事业法人、大专院校、科研院所和个人自愿组成的。协会以下列九大领域作为运行范围：

① 开展绿色建筑领域调查研究，为政府有关主管部门提供有关绿色建筑市场的管理意见和建议；参与制定、修订和发布行业发展规划、绿色建筑评价标准、技术导则及相关的政策法规，并在本行业组织贯彻实施；

② 制定并组织实施本行业的行规、行约，建立行业自律机制，规范行业自我管理行为，促进企业平等竞争，提高行业整体素质，依照法律法规维护行业整体利益；

③ 沟通本行业与政府之间的联系，向政府有关部门反映企业的愿望和要求，向企业宣传和传递政府的政策意图，维护会员和企业的合法权益；

④ 开展行业信息数据统计，编辑印发会刊、资料，定期交流行业及企业发展情况，建立行业信息网络、信息培训，为政府和企业提供信息服务；

⑤ 开展绿色建筑相关的培训工作，提高行业人士的整体素质；

⑥ 组织先进技术和管理交流，开展技术和管理咨询，推广应用新设备、新材料、新工艺、新技术，总结推广现代化管理经验，推动全行业技术和管理进步；

⑦ 开展对内对外交流，促进经济和技术的合作和交流；

⑧ 协助政府组织实施绿色建筑、绿色施工示范工程，开展绿色建筑评价标识工作；

⑨ 承办政府相关部门委托的其他工作。

15）宁波市城市科学研究会

宁波市城市科学研究会于1985年8月正式成立。2014年经评估，被授予5A级社会组织，2019年通过5A复评。该研究会通过协调会员单位，组织全市城市规划设计、建设管理、生态环保和区域文化等行业的专家、学者、科技人员和管理工作者进行城市科学研究的群众性学术团体，是非营利性社会组织，是宁波市人民政府在城乡规划、建设和管理方面的咨询和参谋机构。

16）湖南省建设科技与建筑节能协会绿色建筑专业委员会

湖南省建设科技与建筑节能协会绿色建筑专业委员会是由省内从事绿色建筑领域的科研院所、咨询服务、设计、施工、产品、地产开发、运营管理等相关机构或企事业单位，自愿组成的全省行业性、非营利性、协助政府推动湖南省绿色建筑发展的社会团体。该会宗旨是：在习近平新时代中国特色社会主义思想指引下，围绕绿色建筑主题，深入贯彻住房城乡建设领域绿色、生态、节能、低碳发展理念，坚持以服务为宗旨，积极反映行业诉求，维护行业合法权益，规范行业市场行为，加强行业自律，推动行业技术进步和行业诚信体系建设、协助行业改革发展和从业人员素质提升，促进行业持续健康和谐发展。

17）黑龙江省绿色建筑专业委员会

黑龙江省土木建筑学会绿色建筑专业委员会是为开展节能减排和绿色建筑技术的学术交流，促进黑龙江省绿色建筑发展，适时成立的非营利性学术团体。其宗旨是："立足严寒地区，在绿色建筑和节能领域内跋涉开拓，为政府、专业机构、企事业单位搭建平台，促进与国内外学术机构的学术交流，推进国家方针政策的实施，倡导绿色低碳环保，探索地方适宜技术，推动绿色建筑建设工作在黑龙江省全面开展"。

18）大连市绿色建筑行业协会

大连市绿色建筑行业协会由热心推动绿色建筑事业发展的绿色地产、绿色设计、绿色建造、绿色建筑材料等企业及行业专家、高校学者自愿组成，是行业性、地方性和非营利性的 5A 级社会组织。经大连市民政局批准成立于 2016 年 2 月，业务指导部门为大连市住房和城乡建设局。协会以"创新、协调、绿色、开放、共享"为发展理念，以绿色建筑科技和绿色公益为基础，发展绿色建筑为宗旨，推动绿色建筑经济产业链发展，大力宣传绿色建筑、绿色校园和绿色生活方式。协会愿景：打造绿色建筑、绿色企业、绿色人生。协会秘书处成立绿色建筑科技中心、BIM 学组；下设 5 个分会、6 个专业委员会。

19）东莞市绿色建筑协会

东莞市绿色建筑协会是由热心推动东莞市科学、环保、节能等绿色建筑事业发展的企业、研究院及专家、学者自愿组成的专业性、地方性、非营利性的社会组织。经东莞市民政局批准于 2016 年 6 月 17 日成立。业务指导单位为东莞市住房和城乡建设局。

20）中国绿色建筑与节能（澳门）协会

中国绿色建筑与节能（澳门）协会是在中国城科会绿色建筑与节能委员会支持下于 2014 年成立的澳门非营利性专业社团，旨在于澳门推广《绿色建筑评价标准》GB/T 50378 及技术规范 CSUS/GBC 07—2015，促进本地建筑的可持续发展，以及使《国家绿色建筑评价标准》在澳门落地实施。

21）西藏自治区勘察设计与建设科技协会

协会由西藏自治区勘察设计与建设科技领域各行业企事业单位、生产企业、科研院所、高校自愿参加组成的地方性、行业性、非营利性、具有独立法人资格的社会团体。现有团体会员 60 余家，业务指导单位为西藏自治区住房和城乡建设厅，旨在搭建西藏自治区建筑行业科技服务和技术共享的平台，推动青藏高原绿色低碳发展，提升勘察设计行业技术服务水平，促进建筑行业的规范、健康发展。

3.2　我国绿色建筑标准发展历程

2013 年 1 月 1 日，国务院办公厅转发国家发展改革委、住房城乡建设部制订的《绿色建筑行动方案》，标志着我国绿色建筑开启了发展的新篇章。历经 10 余年的发展，我国绿色建筑已实现从无到有、从少到多、从个别城市到全国范围，从单体到城区、到城市的规模化发展。

国家标准《绿色建筑评价标准》GB/T 50378—2006（以下简称《绿色标准》）2006 年首次发布，2014 年第 1 次修订版发布，2018 年启动了《绿色标准》第 2 次修订工作。

《绿色标准》的"3版2修"在我国绿色建筑发展中发挥着重要作用（表 3-1）。由中国建筑科学研究院有限公司牵头修订的国家标准《绿色建筑评价标准》GB/T 50378—2019 于 2019 年 3 月发布，自 2019 年 8 月 1 日起正式实施。

《绿色建筑评价标准》GB/T 50378—2006、GB/T 50378—2014、
GB/T 50378—2019 对比表 　　　　　　　　　　　　　　表 3-1

对比项		标准 2006 版	标准 2014 版	标准 2019 版
评价类型		公共建筑和住宅建筑	各类民用建筑	各类民用建筑
评价阶段		设计评价：施工图设计文件审查通过后 运行评价：竣工验收并投入使用 1a 后	设计评价：施工图设计文件审查通过后 运行评价：竣工验收并投入使用 1a 后	预评价：施工图设计完成后 评价：建筑工程竣工后
评价指标	指标体系	节地与室外环境 节能与能源利用 节水与水资源利用 节材与材料资源利用 室内环境质量 运营管理	节地与室外环境 节能与能源利用 节水与水资源利用 节材与材料资源利用 室内环境质量 施工管理 运营管理 提高与创新	安全耐久 健康舒适 生活便利 资源节约 环境宜居 提高与创新
	指标性质	控制项、一般项和优选项	控制项、评分项和加分项	控制项、评分项和加分项
	指标权重	无	控制项：无 评分项：有，权重值均<1 加分项：有，权重值为 1	控制项：无 评分项：有，权重值均<1 加分项：有，权重值均<1
	评定结果	控制项：满足或不满足 一般项：满足或不满足 优选项：满足或不满足	控制项：满足或不满足 评分项：分值 加分项：分值	控制项：达标或不达标 评分项：分值 加分项：分值
评价等级		一星级 二星级 三星级	一星级 二星级 三星级	基本级 一星级 二星级 三星级
评价等级确定方法		满足所有控制项的要求，按满足一般项数和优选项数的程度确定一、二或三星级	满足所有控制项的要求，按满足一般项数和优选项数的程度确定一、二或三星级	满足"控制项"的要求即为基本级；满足所有控制项的要求，即且每类指标的评分≥40 分，按总得分确定一、二或三星级
评定等级的前置条件		无	无	全装修 围护结构热工性能提升 节水器具等级 住宅建筑隔声性能 室内主要空气污染物浓度降低比例

3.2.1 《绿色建筑评价标准》GB/T 50378—2006

由住房和城乡建设部与国家质量监督检验检疫总局联合发布的工程建设国家标准《绿色建筑评价标准》已于 2006 年 6 月 1 日起实施，是我国第一部从住宅和公共建筑全寿命周期出发，多目标、多层次，对绿色建筑进行综合性评价的推荐性国家标准。

《绿色建筑评价标准》GB/T 50378—2006 的内容由节地与室外环境、节能与能源利用、节水与水资源利用、节材与材料资源利用、室内环境质量、运营管理（住宅建筑）、全生命周期综合性能（公共建筑）等内容组成。

《绿色建筑评价标准》GB/T 50378—2006 中，将具体指标分为控制项、一般项和优选项等三大类。其中，控制项为评为绿色建筑的必备条款；而优选项主要指实现难度较大、指标要求较高的项目。对同一评估对象，根据需要分别提出对控制项、一般项和优选项的指标要求。按满足一般项和优选项的程度，将绿色建筑划分为三个等级。该版本《绿色建筑评价标准》GB/T 50378—2006 的构成方式虽然简单，但指标体系中控制项过多、量化指标过少。

3.2.2 《绿色建筑评价标准》GB/T 50378—2014

与《绿色建筑评价标准》GB/T 50378—2006 相比，《绿色建筑评价标准》GB/T 50378—2014 的条文可选项数量显著增加，更多地鼓励绿色建筑项目因地制宜地选择适宜技术，从可持续场址、建筑本体生态设计等方面进行整合设计，降低建筑物的能源消耗和环境负荷，尽可能地避免出现技术堆砌现象；鼓励业主、设计师、咨询顾问、施工方、运营方等所有利益相关方在项目实施全过程中密切协作，提升项目的实际运行效能。

相比于《绿色建筑评价标准》GB/T 50378—2006，具体存在以下四点变化：

1）变化之一：评价指标体系调整从绿色建筑评价指标体系上来看，在原先的节地与室外环境、节能与能源利用、节水与水资源利用、节材与材料资源利用、室内环境质量、运营管理 6 类指标基础之上，新增了施工管理作为独立的指标。每类指标均包括控制项和评分项。为鼓励绿色建筑技术、管理的提升和创新，评价指标体系还统一设置提高与创新项。

2）变化之二：评价定级方法调整绿色建筑评价定级仍然保持一星级、二星级、三星级 3 个等级，但定级方法从项数制改为了得分制，其核心在于对所有评分项制定了详细的权重体系。参评项目必须满足所有控制项的要求，且每类指标的评分项得分不应小于 40 分，即设置单项最低分的门槛，然后依据总得分的高低划分为星级。总得分为相应类别指标的评分项得分经加权计算后与加分项的附加得分之和。划分一星级、二星级、三星级的总得分为 50 分、60 分、80 分。

3）变化之三：适用建筑类型拓展将标准适用范围由住宅建筑和公共建筑中的办公建筑、商场建筑和旅馆建筑，扩展至各类民用建筑。并且，住宅建筑和公共建筑不再独立成章，改为在每个条文下明确具体适用的建筑类型。

4）变化之四：评价阶段区分衔接现有标识评价工作的实际需求，条文明确区分设计阶段和运行阶段参评及得分情况，权重体系也按不同阶段分别给出。

3.2.3 《绿色建筑评价标准》GB/T 50378—2019

《绿色建筑评价标准》GB/T 50378—2019 与《绿色建筑评价标准》GB/T 50378—2014 相比，进一步重申了绿色建筑检测的重要性，明确绿色建筑检测对绿色建筑性能与内涵提升的关键性。随着《绿色建筑评价标准》GB/T 50378—2019 的发布，第三方检测服务行业将迎来新的机遇，检测机构应充分把握发展契机，认真做好《绿色建筑评价标准》GB/T 50378—2019 与《绿色建筑评价标准》GB/T 50378—2014 的对标工作，坚定绿色建筑检测对绿色建筑发展的支撑作用，明确新时代绿色建筑检测工作的开展方向，促进绿色建筑高质量发展。《绿色建筑评价标准》GB/T 50378—2014 相比，《绿色建筑评价标准》GB/T 50378—2019 增加了绿色建筑检测强制性指标体系，提升了现场检测要求，在贯彻落实"深绿"检测理念的同时，引领了全新的绿色建筑检测方向。

《绿色建筑评价标准》GB/T 50378—2019 从百姓视角出发，以建筑性能为导向，突出绿色建筑在安全、耐久、便捷、健康、宜居、适老等多方面的内涵。同时，《绿色建筑评价标准》GB/T 50378—2019 明确绿色建筑评价应在竣工验收后进行，绿色建筑检测是验证绿色建筑实效性能的有效手段之一。新时代的绿色建筑检测应平衡绿色建筑品质与当前发展需求之间的落差，努力实现我国绿色建筑量质齐保证的战略目标。各相关检测机构应充分响应绿色建筑高品质的发展需求，认真学习新版绿色建筑评价标准，探讨适宜的绿色建筑检测技术，健全绿色建筑实效性能检测评价体系，提升绿色建筑在能源消耗、健康性能、智慧运维、建造水平等多方面的综合性能，促进我国绿色建筑高质量发展。

2024 年，住房和城乡建设部对该标准进行了局部修订，重点聚焦于第七章资源节约和第九章提高与创新的内容。在此次修订中，更加关注建筑运行的低碳与节能，明确将全寿命周期碳排放纳入星级绿色建筑的强制性评价指标体系，并对围护结构热工性能、供暖空调负荷、外窗传热系数、节水效率等关键节能指标提出了详细的分级评价要求。此外，修订的一大亮点是新增了绿色建筑材料应用比例的要求，对绿色建筑材料的使用比例与绿色建筑的评价等级设定了明确的分级标准，并提高了得分门槛，彰显出国家对绿色建筑材料在推动建筑领域低碳转型中的重要作用的大力支持和持续关注。修订稿重点支持可再生能源的利用、旧建筑场地风貌的循环利用以及建筑智能化水平的提升，显著提高了可再生能源利用及旧建筑改造的分值上限，并首次提出采用蓄冷蓄热蓄电、建筑设备智能调节等电力交互技术，并满足相应负荷条件的，最高可额外加 20 分。这一举措预示着随着技术进步和政策支持，建筑智能化和循环利用业务的普及将不断加速。值得一提的是，在加分项部分，首次提出了建筑全寿命周期碳排放强度管控目标，并大幅提升了相关评价的分值上限，这充分表明国家对建筑全周期碳排放管理的重视程度日益加深，适时开展建筑碳排放评价和核证工作显得尤为重要。

3.3　绿色低碳建筑标准的扩展

3.3.1　《超低能耗建筑评价标准》T/CSUS 15—2021

2017 年，中国城市科学研究会绿色建筑中心与德国能源署结合双方在绿色建筑和超低能耗建筑领域的技术优势，联合具有相关经验的机构和企业共同启动《超低能耗建筑评价标准》T/CSUS 15—2021 的编制工作。标准服务的对象主要是建筑节能产业链上下游从业者、从事绿色、超低能耗建筑实践的开发商与城投平台、相关科研机构等。标准中有针对全国各个气候区的住宅与公共建筑能效的具体要求，比如对窗户的传热系数在不同气候区的限值。在便于设计人员和开发商选择合适的产品的同时，也便于节能产品厂商根据取值开发完善自己的节能建筑部品与设备。

《超低能耗建筑评价标准》为中国城市科学研究会标准，编号为 T/CSUS 15—2021，2021 年 5 月 14 日发布，自 2021 年 6 月 14 日起实施。《超低能耗建筑评价标准》T/CSUS 15—2021 由中国城市科学研究会和德国能源署会同有关单位编制完成，共分 6 章，主要技术内容为总则、术语、基本规定、建筑性能、施工质量、运营质量。标准对超低能耗建筑的定义为：适应所在场地和气候条件，提供舒适室内环境，通过被动式建筑设计和主动式技术措施降低建筑能耗、提高能源设备和系统效率，且施工质量满足设计要求的建筑，其建筑能耗水平应较现行国家和行业建筑节能设计标准降低 50％以上。

1. 标准内容与评价方法

与目前国内近零能耗与超低能耗建筑标准相比，该标准具有详细的评价指标与方法，以及条文说明。超低能耗建筑评价体系包括建筑性能、施工质量和运营质量 3 大类。建筑性能评价包括控制项、可选项和优选项。施工质量评价和运营质量评价仅设置控制项。

标准针对建筑项目的不同阶段共分预评价、建成评价和运行评价 3 个阶段。首先，参评建筑或建筑群应满足绿色建筑的基本要求。其次，超低能耗建筑评价分为基本级和优秀级 2 个等级。当建筑满足对应评价阶段所有控制项的要求，并满足不少于 9 条可选项时，为基本级。已达到基本级的建筑，当满足对应评价阶段所有优选项的要求时，为优秀级。基本级与优秀级的能耗指标取值参照国家标准《近零能耗建筑技术标准》GB/T 51350—2019，分别按住宅建筑和办公建筑两大类定义不同的能耗指标。基本级节能率相当于 85％节能建筑，优秀级相当于近零能耗建筑，即 90％节能水平。

2. 部委与地方出台的超低能耗标准一览

1）住房和城乡建设部（3 个）

《被动式超低能耗绿色建筑技术导则（试行）（居住建筑）》，2015 年 11 月 10 日印发；

《近零能耗建筑技术标准》GB/T 51350—2019，2019 年 2 月 20 日印发；

《被动式低能耗建筑-严寒和寒冷地区居住建筑设计图集》，2016 年 8 月 5 日印发。

2）河北省（10个）

《河北省被动式超低能耗建筑评价标准》；

《河北省被动式超低能耗建筑节能检测标准》；

《河北省被动式超低能耗居住建筑节能设计标准》；

《河北省被动式超低能耗公共建筑节能设计标准》；

《河北省被动式低能耗建筑施工及验收规程》；

《河北省既有建筑被动式超低能耗改造技术标准（征求意见稿）》；

《雄安新区近零能耗建筑核心示范区指标体系》；

《河北省被动式超低能耗办公建筑降碳产品方法学》；

《河北省被动式超低能耗建筑节能构造（外墙外保温薄抹灰系统构造）图集》；

《河北省被动式超低能耗建筑节能构造（现浇混凝土钢筋桁架内置保温构造）图集》。

3）山东省（6个）

《山东省被动式超低能耗居住建筑节能设计标准》；

《山东省超低能耗公共建筑技术标准》；

《山东省超低能耗建筑施工技术导则》；

《青岛市被动式低能耗建筑节能设计导则（试行）》；

《烟台市超低能耗建筑技术导则》；

《烟台市超低能耗建筑后评估导则》。

4）河南省（4个）

《河南省超低能耗居住建筑节能设计标准》；

《河南省超低能耗公共建筑节能设计标准》；

《河南省超低能耗建筑节能工程施工及质量验收标准》；

《河南省超低能耗建筑运行维护技术标准》。

5）青海省（1个）

《青海省被动式低能耗建筑技术导则》。

6）上海市（1个）

《上海市超低能耗建筑技术导则（试行）》。

7）江苏省（1个）

《江苏省超低能耗居住建筑技术导则（试行）》。

8）重庆市（1个）

《重庆市被动式低能耗建筑围护结构建筑构造》。

9）吉林省（3个）

《吉林省超低能耗绿色建筑技术导则》；

《吉林省超低能耗公共建筑节能设计标准》；

《吉林省超低能耗居住建筑节能设计标准》。

10）湖北省（1个）

《湖北省被动式超低能耗居住建筑节能设计规范》。

11）广东省（2 个）

《岭南特色超低能耗建筑技术指南》；

《深圳市超低能耗建筑技术导则》。

12）湖南省（2 个）

《湖南省超低能耗居住建筑评价标准》；

《湖南省超低能耗居住建筑节能设计标准》。

13）天津市（3 个）

《天津市超低能耗居住建筑设计标准》；

《天津生态城超低能耗居住建筑设计导则》；

《天津生态城超低能耗居住建筑施工技术规程》。

14）北京市（2 个）

《北京市超低能耗居住建筑设计标准》；

《北京市超低能耗建筑节能工程施工技术规程（征求意见稿）》。

15）陕西省（1 个）

《陕西省超低能耗居住建筑节能设计标准》。

16）安徽省（2 个）

《安徽省近零能耗建筑技术标准（征求意见稿）》；

《安徽省被动式超低能耗民用建筑节能技术标准》。

17）新疆维吾尔自治区（2 个）

《新疆维吾尔自治区近零能耗建筑技术标准》；

《乌鲁木齐市超低能耗建筑及近零能耗建筑适用技术应用导则》。

18）辽宁省（1 个）

《沈阳市超低能耗居住建筑节能设计标准》。

19）黑龙江省（2 个）

《黑龙江省超低能耗公共建筑节能设计标准》；

《黑龙江省超低能耗居住建筑节能设计标准》。

20）福建省（1 个）

《福建省超低能耗建筑技术导则》。

21）海南省（1 个）

《海南省超低能耗建筑技术导则》。

22）浙江省（1 个）

《台州市超低能耗、近零（零）能耗建筑示范项目关键技术要求》。

3.3.2　低碳建筑技术标准

1. 《零碳建筑技术标准》

中国作为世界上最大的发展中国家，提出了 2030 年前实现碳达峰、2060 年前实现碳中和的宏伟目标。建筑行业作为能源消耗和碳排放的大户，其低碳转型对于实现国家碳中和目标至关重要。在此背景下，住房和城乡建设部组织编制了《零碳建筑技术标准》(以下简称《零碳标准》),旨在通过规范建筑行业的碳排放,推动建筑领域向低碳、近零碳、零碳的方向发展。该标准主要编制目标包括提高能源利用效率,通过优化建筑设计、提高能源设备与系统效率,降低建筑用能需求。营造健康舒适的室内环境,在保证室内环境质量的前提下,实现建筑的低碳运行。提升可再生能源应用比例,鼓励建筑充分利用太阳能、风能等可再生能源,减少对化石能源的依赖。引导建筑和区域逐步实现低碳、近零碳、零碳排放,通过设定明确的碳排放指标,推动建筑行业实现低碳转型。

《零碳标准》支撑了国家的碳中和战略,为建筑行业提供了明确的技术指导和评价标准,有助于推动建筑行业实现碳达峰、碳中和目标。此外,《零碳标准》在降低碳排放的同时,注重提升建筑的室内环境质量,为人们创造更加健康、舒适的生活和工作环境。最后,《零碳标准》不仅适用于单体建筑,还涵盖了区域层面的低碳设计和管理,有助于推动新型城镇化建设,实现区域的可持续发展。

《零碳标准》旨在通过一系列技术和管理措施,推动建筑行业实现低碳、近零碳乃至零碳排放,以应对全球气候变化挑战。《零碳标准》涵盖了从建筑设计、建造、运行到核算与判定的全过程,提出了具体的技术指标和管理要求。《零碳标准》首先明确了零碳建筑的定义,即通过优化建筑设计、提高能源效率、充分利用可再生能源以及采用可再生能源信用与碳信用等手段,实现建筑运行阶段净碳排放量为零的建筑。在此基础上,《零碳标准》进一步细化了低碳建筑、近零碳建筑和全过程零碳建筑的定义,构建了完整的降碳目标体系。在设计阶段,该标准强调采用性能化设计方法,综合考虑地域、文化、气候等因素,优化零碳建筑设计策略。通过利用碳排放模拟计算软件等工具,对建筑设计方案进行定量分析和优化,确保满足预定的室内环境参数和碳排放指标。同时,该标准还对建筑围护结构、机电设施、新型供配电系统以及可再生能源利用等方面提出了具体的技术要求,如优先采用低碳建筑结构体系、提高建筑气密性、采用全电气化设计等。在建造阶段,《零碳标准》注重施工过程中的碳排放管理,要求制定专项施工方案,明确建造碳排放目标,并纳入区域碳排放管理平台进行监测和管理。同时,推广智能建造方式,提高施工效率,减少材料浪费和碳排放。此外,《零碳标准》还对拆除与回收阶段提出了要求,鼓励采用易于拆卸和回收利用的建筑组件,减少拆除和回收利用阶段的碳排放。在运行阶段,《零碳标准》强调通过数字化、智能算法等手段优化低碳运行管理措施,根据运行碳排放年度核算结果对低碳运行目标进行动态调整。同时,《零碳标准》还对设备系统综合调适、运行与维护等方面提出了具体要求,如建立智能化低碳运行维护工作体系、定期检查系统设备的工作状态等。最后,在核算与判定方面,该标准明确了低碳、近零碳、零碳建筑和区域的判定条件和流程。通过检测和监测室内环境、建筑和区域能耗以及可再生能源等参数,结合碳排放因子进行计算和分析,确保判定结果的准确性和公正性。同时,《零碳标准》还鼓励采用可再生能源信用与碳信用等手段抵消剩余碳排放,以实现零碳排放目标。

《零碳标准》的发布实施,标志着中国建筑行业在低碳转型道路上迈出了坚实的一步。通过严格执行这一标准,将有力推动建筑行业实现绿色发展,为全球应对气候变化作出积极贡献。

2.《低碳建筑评价标准》

《低碳建筑评价标准》由中国城市科学研究会绿色建筑与节能专业委员会、青岛理工大学主编，浙江大学、清华大学、中国建筑科学研究院等家单位参编。标准定义低碳建筑为"在满足建筑使用要求的基础上，以较少的化石能源和资源消耗，在全寿命期实现最大限度降低碳排放的建筑。"评价分为预评价、建成评价和全寿命期评价。在建筑工程施工图设计完成后，可进行预评价。在建筑竣工后，可进行建成评价。在建筑报废拆除后，可进行全寿命期评价。在等级上，评价结果划分为银级、金级和铂金级 3 个等级。整个评价体系由设计与选型、施工与用材、使用与维护、拆除与处置 4 类指标构成，且每类指标均包括控制项和评分项。此外，评价指标体系还统一设置提高与创新作为加分项。

3.《碳中和建筑评价标准》T/CECS 1555—2024

为规范并明确碳中和建筑评价的技术准则，确保评价工作的科学性和统一性，《碳中和建筑评价标准》T/CECS 1555—2024 应运而生。它由中国城市科学研究会、中国建筑科学研究院有限公司主编，旨在填补该领域标准体系的空白。该标准不仅着眼于建筑建造和运行阶段的碳中和特性评估，更覆盖了建筑的全生命周期，力求全面、准确地反映建筑的碳中和性能。其编制目的在于提供一个权威、可操作的评价框架，以指导并促进建筑行业向低碳、环保方向转型。适用范围广泛，涵盖了所有类型建筑在建造、运行及全生命期内的碳中和评价工作，同时强调与国家现行相关标准及协会标准的协调与一致，确保评价工作的规范性和前瞻性。

《碳中和建筑评价标准》T/CECS 1555—2024 全面而详细地阐述了碳中和建筑评价的核心原则、具体流程、等级划分及技术要求，为建筑行业的低碳转型提供了明确的指导和依据。首先，在评价原则上，《碳中和建筑评价标准》T/CECS 1555—2024 明确指出评价应以建筑单体或建筑群为基本单元，对于涉及系统性、整体性的指标，则须从工程项目总体出发进行综合评估，确保了评价的全面性和准确性。为了保证评价的科学性和权威性，该标准规定申请评价的建筑项目必须满足绿色建筑的基本要求，并须获得国家标准《绿色建筑评价标准》GB/T 50378—2019 或协会标准《国际多边绿色建筑评价标准》T/CECS 1149—2022 的一星级及以上预评价结果或评价标识，这为碳中和建筑的评价设定了较高的起点。在评价流程上，该标准将碳中和建筑评价分为预评价和评价两个阶段，分别对应施工图设计完成后和建筑通过竣工验收并投入使用一年后，确保了评价的时序性和针对性。同时，要求申请方在预评价和评价时分别编制碳中和管理报告和实施报告，为评价提供了翔实的资料基础。此外，该标准还强调了对碳中和技术和经济分析的重视，要求申请方对规划设计、建造施工、运行使用进行全过程控制，并提交相关申请材料和文件，以确保评价的科学性和有效性。评价机构则负责对提交的材料进行严格审查，出具评价报告并确定等级，为碳中和建筑的评价提供了专业的技术支持。在等级划分上，该标准根据碳中和建筑的碳排放强度、能耗强度、电气化率、可再生能源电力替代率等关键指标，将评价等级由低到高，划分为铜级、银级、金级和铂金级四个等级，为建筑的碳中和性能提供了量化的评价标准。同时，该标准还详细列出了建造阶段和运行阶段各等级碳中和建筑的具体技术要求，包括建造碳排放强度、建筑运行能耗强度、单位能耗碳排放、建筑用电负荷调节比例、建筑光伏自消纳率等，为建筑的碳中和设计和运行提供了明确的指导。特别值得一提的是，该标准还提出了全生命期碳中和建筑的概念，要求建筑需同时满足建造阶段和运行阶段的碳中和评价要求，体现了对建筑碳中和性能的全面、长期考虑，为推动建筑行业的可持续发展提供了有力支撑。

4. 《建筑工程低碳建造与评价标准》

为贯彻落实建筑领域碳达峰政策，促进建筑行业绿色低碳转型，降低建筑工程建造碳排放，中国建筑第八工程局有限公司作为主编单位编制了团体标准《建筑工程低碳建造与评价标准》。该标准适用于新建、扩建、改建及拆除等建筑工程的低碳建造评。

工程项目低碳建造评价是一个系统性过程，它基于低碳建造影响因素的深入分析，并紧密依托低碳建造策划文件，对工程的整个实施过程进行全面评估。这一评价体系构建了一个多层次、逐步深入的结构，包括基本规定评价、指标评价、要素评价、批次评价、阶段评价、单位工程评价以及评价等级的划分。评价工作遵循这一逻辑顺序逐步展开：通过基本规定评价，对低碳建造策划和管理要求的各项条款进行审视；指标评价聚焦于控制项、一般项和优选项的具体条款，进行细致评估。在此基础上，要素评价进一步细化，针对碳管理指标、临时设施能耗、直接 CO_2 排放、间接 CO_2 排放及可再生能源利用这五个关键要素分别进行深入分析。随着工程进度的推进，批次评价适时进行，确保各阶段的低碳建造效果得到及时检验。阶段评价则按照地基与基础工程、主体结构工程、装饰装修与机电安装工程的划分，对工程的各个阶段进行综合评价。最终，在单位工程评价层面，整合前期各阶段评价结果，将评价等级划分为不合格、合格和优良三个层次，以全面反映工程项目的低碳建造水平。

3.3.3　绿色生态城区评价标准

我国将绿色生态发展作为推动转型发展的重要举措，相继提出一系列发展战略。从2007 年党的十七大报告首次提出"生态文明"开始，生态文明已成为我国的基本国策，在国家战略和政策方面开始全面推进。2012 年，党的十八大报告提出"大力推进生态文明建设"。2017 年，党的十九大报告再次提高生态文明建设的战略地位，提出"坚持人与自然和谐共生。建设生态文明是中华民族永续发展的千年大计"。《国家新型城镇化规划（2014—2020 年）》中详细阐述了绿色能源、绿色建筑、绿色交通、产业园区循环化改造、城市环境综合整治以及绿色新生活行动等绿色城市和城区的建设重点。《建设事业"十三五"规划纲要》中指出"继续开展低碳生态城市、绿色生态城区试点示范，鼓励探索低碳生态城市规划方法和建设模式，及时总结推广成熟做法和适用技术。"省市各级地方政府也相继出台了财政资金补贴、容积率奖励、减免税费、贷款利率优惠、资质评选和示范评优活动中优先或加分等一系列政策措施，积极推动城市规划与建设向绿色、生态、低碳、集约的方向发展，将切实引导多元化、多样性、可复制、可推广的绿色生态城区示范体系的发展。

为了顺应社会发展需求，响应国家战略部署，促进绿色生态城区建设，在科学发展观、生态文明和新型城镇化等国家宏观战略的引导下，《绿色生态城区评价标准》GB/T 51255—2017 于 2017 年 7 月 31 日正式发布，并将于 2018 年 4 月 1 日实施。标准中，将绿色生态城区定义为："在空间布局、基础设施、建筑、交通、产业配套等方面，按照资源节约环境友好的要求进行规划、建设、运营的城市建设区"。标准主要包含土地利用、生态环境、绿色建筑、资源与碳排放、绿色交通、信息化管理、产业与经济、人文 8 类指标，对城区进行系统性评价，并单独设立创新加分项，旨在鼓励绿色生态城区的技术创新和提高。绿色生态城区的评价分为规划设计评价、实施运管评价两个阶段。既保证了规划阶段的目标导向，又在城区主要基础设施投入使用运行后对实施效果进行运营评估，反馈规划阶段的具体目标。

目前，我国绿色生态城区的发展仍处于探索阶段。主要通过示范工程的建设，实现以点带面的规模化推广效应。2012 年 11 月，贵阳中天·未来方舟生态新区、中新天津生态城、深圳市光明新区、唐山市唐山湾生态城、无锡市太湖新城、长沙市梅溪湖新城、重庆市悦来绿色生态城区和昆明市呈贡新区八个城市新区被评为绿色生态城区，并给予 5000 万元补助。在国家政策的大力支持、示范项目的引领下，我国城区建设将向绿色生态化、精细化和本地化过渡。

3.3.4　《近零能耗建筑技术标准》GB/T 51350—2019

1. 近零能耗建筑技术标准

随着"碳中和""碳达峰"的低碳生活要求，我国在 2019 年发布了国家标准《近零能耗建筑技术标准》GB/T 51350—2019。该标准明确指出：建筑方案设计应根据建筑功能和环境资源条件，以气候环境适应性为原则，以降低建筑供暖年耗热量和供冷年耗冷量为目标，充分利用天然采光、自然通风以及围护结构保温隔热等被动式建筑设计手段降低建筑的用能需求。

1）近零能耗建筑等级划分

该标准将建筑分为超低能耗建筑、近零能耗建筑、零能耗建筑三个等级，各对应着不同的能耗降低要求。其中，超低能耗建筑为近零能耗建筑的初级表现形式，其建筑能耗水平应较国家相关节能标准降低 50％以上；近零能耗建筑能耗水平应较国家相关节能标准降低 60％～75％以上；而零能耗建筑是近零能耗建筑的高级表现形式，该类建筑充分利用建筑本体和周边的可再生能源资源，使可再生能源年产能大于或等于建筑全年的全部用能。

2）不同气候区近零能耗建筑提出不同能耗控制指标

考虑我国不同气候区特点，使用同一个百分比约束不同气候区不同类型建筑难度加大，因此对不同气候区近零能耗建筑提出不同能耗控制指标，严寒和寒冷地区，近零能耗居住建筑能耗降低 70％～75％以上，不再需要传统的供热方式；夏热冬暖和夏热冬冷地区近零能耗居住建筑能耗降低 60％以上；不同气候区近零能耗公共建筑能耗平均降低 60％。

3）制定能效指标

能效指标是判别建筑是否达到近零能耗建筑标准的约束性指标，《近零能耗建筑技术标准》首次界定了我国超低能耗建筑、近零能耗建筑、零能耗建筑等相关概念，明确了室内环境参数和建筑能耗指标的约束性控制指标。迈向零能耗建筑的过程中，根据能耗目标实现的难易程度表现为三种形式，即超低能耗建筑、近零能耗建筑和零能耗建筑，这三个名词属于同一技术体系。其中，超低能耗建筑节能水平略低于近零能耗建筑，是近零能耗建筑的初级表现形式；零能耗建筑能够达到能源产需平衡，是近零能耗建筑的高级表现形式。超低能耗建筑、近零能耗建筑和零能耗建筑三者之间在控制指标上相互关联。

在建筑迈向更低能耗的方向上，基本技术路径是一致的，即通过建筑被动式设计、主动式高性能能源系统及可再生能源系统应用，最大幅度地减少化石能源消耗。

2. 《近零能耗建筑检测评价标准》T/CECS 740—2020

2020 年，中国工程建设标准化协会发布了团体标准《近零能耗建筑检测评价标准》T/CECS 740—2020，重点规范了近零能耗建筑的相关检测与项目评价方法。标准将近零能耗建筑的评价分为预评价、正式评价和运行评价 3 个部分。其中，正式评价阶段在建筑竣工验收前进行，要求对建筑围护结构热工性能、建筑整体气密性、热回收新风机组性能和建筑环控一体机性能进行检测。运行评价不作为必需检测项目，但鼓励对已建成的近零能耗建筑进行运行评价。检测对象宜为投入使用满 1 年的单栋建筑物，计量时间以 1 年为 1 个周期。检测项目包括室内环境参数检测、分项能耗和总能耗、可再生能源检测等。

3. 近零能耗建筑（nearly zero energy building）

适应气候特征和场地条件，通过被动式建筑设计最大幅度降低建筑供暖、空调、照明需求，通过主动技术措施最大幅度提高能源设备与系统效率，充分利用可再生能源，以最少的能源消耗提供舒适的室内环境，并且其室内环境参数和能效指标符合《近零能耗建筑技术标准》GB/T 51350—2019 规定的建筑，其建筑能耗水平应较国家标准《公共建筑节能设计标准》GB 50189—2015 和行业标准《严寒和寒冷地区居住建筑节能设计标准》JGJ 26—2018、《夏热冬冷地区居住建筑节能设计标准》JGJ 134—2010、《夏热冬暖地区居住建筑节能设计标准》JGJ 75—2012 降低 60%～75%以上。

4. 零能耗建筑（zero energy building）

零能耗建筑能是近零能耗建筑的高级表现形式，其室内环境参数与近零能耗建筑相同，充分利用建筑本体和周边的可再生能源资源，使可再生能源年产能大于或等于建筑全年全部用能的建筑。在严峻的建筑能耗环境下，"零能耗建筑"的发展是必然的。

由于现代科学技术的限制，理想的"零能耗建筑"在实际工程中很难实现。目前，实现近零节能建筑的可行性比较高。在世界各国和地区，"近零能耗建筑"各不相同，其中比较著名的是德国的"被动房"。被动房能耗极低，同时满足舒适要求，确保人体健康。环控一体机系统年能耗在 $0～15kWh/（m^2·a）$ 范围内，而建筑总能耗小于 $120kWh/（m^2·a）$。考虑到欧美的建筑特点，"零能耗建筑"主要是三层以下的低层建筑。这种类型的建筑能耗计算主要考虑建筑冬季采暖和夏季制冷的能耗，很少考虑建筑家用电器和照明的能耗。

1）物理边界划分

目前，世界上大多数国家都是以单个建筑为计算对象，根据其是否与电网连接，将"零能耗建筑"分为：上网零能耗建筑：电网输送的能量与建筑自身产生的能量相平衡，计算时抄表为零；网下零能源建筑：可再生能源供应产生的能量与建筑所需的能量相平衡（图 3-1），也被称为"无源建筑"。

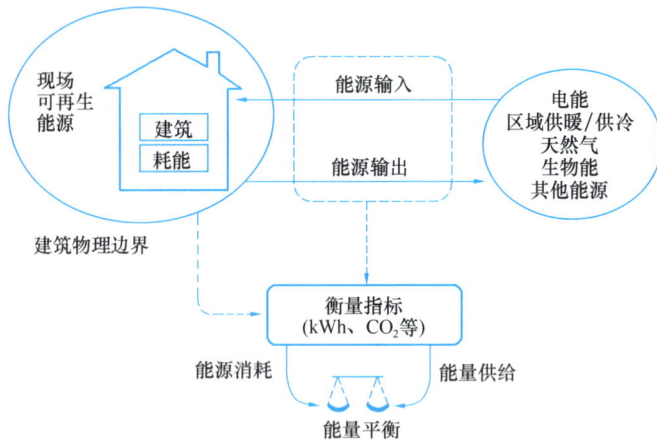

图 3-1　能源供需平衡关系

2）能耗计算范围

根据建筑节能设计标准，建筑相关能耗包括供暖、制冷、通风、照明、热水使用等。但是，它不包括一些与用户有关的能源消耗。如插座负载、电动汽车负载等。

3）措施

目前，衡量"零能耗建筑"有四个指标：终端用能；一次能源；能源成本；能源碳排放。以上四个指标的评价结果存在显著差异。我国计量指标的选择需要根据实际情况考虑。它需要对特定的问题进行特定的分析，以识别一个或多个问题。

4）转换系数

一般来说，在确定测量指标后，与建筑相关的能量需要通过转换系数统一到与测量单位一致的水平。目前，世界不同国家的能源结构不同，电网和供热网的构成也不同。因此，不同国家的换算系数会有很大的差异，而确定换算系数的难度也会进一步提高。

5）平衡周期

年通常被认为是计算能量平衡最简单、最合理的基本单位。然而，一些专家认为，计算可以基于均衡时期，例如 30～50 年。这主要是因为在正常情况下，建筑每 30～50 年就要进行一次大修。

3.3.5　民用建筑绿色性能计算标准

随着计算机仿真模拟在算法和可视化层面的迭代，在建筑设计领域掀起了一阵仿真测试的热潮，并开发了多款功能复合的建筑环境模拟软件，例如美国的 EnergyPlus 软件、英国的 Ecotect 软件、中国的 DeST 软件等，这种模拟工具帮助建筑设计师从打开了室内物理环境的角度进行建筑设计的视角，用相对低的成本高效率地对未来建筑室内场景进行预测与分析。因此，在绿色建筑的设计与评价中，往往需要进行一系列绿色建筑性能指标的计算或模拟分析。例如，室外风环境指标计算或模拟分析、建筑能耗指标计算或模拟分析、天然采光指标计算或模拟分析、自然通风指标计算或模拟分析、室外噪声模拟、室外热岛模拟、日照小时数达标情况的计算或模拟分析、可再生能源替代率指标计算或模拟分析等等。上述指标计算或模拟方法，目前国内并无直接相关的计算标准，而且大多数计算使用的软件的边界条件的确定也处于比较混乱的状态，对于软件开发、使用过程中的约定，没有明确的规定。同时，上述问题还可能对民用建筑绿色性能、相应技术方案的优化造成错误的预测和导向。针对该问题，《民用建筑绿色性能计算标准》JGJ/T 449—2018 统一民用建筑绿色性能指标的计算或模拟分析方法，为绿色建筑性能的优化设计和性能评价做到规范化和标准化提供依据。

民用建筑绿色性能计算标准从室外环境、建筑节能与碳排放、室内环境三个方面，对模拟计算相关的模型比例、边界条件、系统设置、计算时长、设备效率、人员密度等多方面参数进行了要求，根据不同的建筑类型为模型设定时需要考虑的基本场地、气候等参数进行了归纳，并对部分指标的低限值进行了说明。

3.3.6 健康建筑标准

1. 健康建筑概念的来源

健康建筑的概念由国际健康建筑研究所（International WELL Building Institute，简称 IWBI）于 2004 年推出一套健康建筑标准，提出全球不同类别的健康建筑设计准则，以医学研究为准则，从人的健康系统需求对应建筑物设计来提升空间舒适感。WELL 认证的内容为测量及认证室内空间中包含舒适、健康、空气、水、光线等指标，其标准皆采用各机构对于建筑物与室内空间使用者健康间相互影响因素的研究。后根据此指标，可有效使企业主以 WELL 认证为基础规划出提升员工健康的室内空间。

2. 我国健康建筑的发展

2020 年，习近平总书记在科学家座谈会上提出了"坚持面向世界科技前沿、面向经济主战场、面向国家重大需求、面向人民生命健康"的"四个面向"，特别是旗帜鲜明地提"面向人民生命健康"，着重体现了人民至上、生命至上的理念。而如何抵御外界环境侵害、构筑保卫人体健康的空间屏障、引导实现主动健康，与健康建筑的营造有着密不可分的关系。

总书记多次强调"要推动将健康融入所有政策，把全生命周期健康管理理念贯穿城市规划、建设、管理全过程各环节"。此后，住房和城乡建设部等七部门发布《关于印发绿色建筑创建行动方案的通知》，将"提高建筑室内空气、水质、隔声等健康性能指标，提升建筑视觉和心理舒适性"列为重点创建目标。发展健康建筑，对捍卫人民健康、保障经济发展、维护社会和谐稳定、提升人民群众幸福感和获得感具有重要意义。

我国首部《健康建筑评价标准》T/ASC 02—2016，于 2017 年 1 月正式实施，创立了以"空气、水、舒适、健身、人文、服务"六大健康要素为核心的指标体系，推广应用至今取得了较为显著的成就。发布至今，以本标准 2016 年版作为指引，我国已初步建立了以六大健康要素为基础、涵盖建筑、社区、小镇多层级、囊括新建与改建全寿命期的健康系列标准体系。

在行业推进方面，以标准主编单位中国建筑科学研究院有限公司为牵头单位，《健康建筑评价标准》T/ASC 02—2016核心研编团队为主要发起单位，成立了健康建筑产业技术创新战略联盟，持续推进健康建筑产业集群与发展。在项目落地实施方面，全国健康建筑推广面积约3000万 m²，含单体近2500栋建筑，涵盖北京、江苏、四川、新疆等22个省或直辖市，以及香港特别行政区。《健康建筑评价标准》T/ASC 02—2016对评估建筑健康程度、保障健康建筑质量、规范和引导我国健康建筑的行业发展发挥了重要作用。

然而，随着我国健康中国建设的不断深化和建筑科技的快速发展，我国健康建筑在实施和发展过程中遇到了新的问题、机遇和挑战。一方面，《健康建筑评价标准》T/ASC 02—2016实施已几年，期间新技术、新产品不断涌现，标准内容需要吸纳新技术理念并提升与卫生、心理等专业的跨界融合，使标准更指向人的健康；另一方面，标准的项目侧需求剧增，为了更好地指导项目建设、运管与评价，强化健康建筑平疫结合属性，需要结合实践经验修订标准，使其更系统、更全面、更科学。

因此，为贯彻健康中国战略部署和有关政策文件精神，提高人民健康水平，适应新时代人民群众对于健康的建筑环境的迫切需求，实现建筑健康性能进一步提升，由中国建筑科学研究院有限公司、中国城市科学研究会绿色建筑研究中心同有关单位对《健康建筑评价标准》T/ASC 02—2016进行修订。

《健康建筑评价标准》T/ASC 02—2021，修订的重点内容为通过吸纳新技术新理念、提升跨界融合、提升健康显示度等措施，提升标准的科学性、引领性、系统性与全面性。并且，结合项目实践反馈，提升该标准的国情适应性与可操作性。具体的修订内容包括五项：

1）深化以人为本，提升平疫结合基本属性

该标准虽然在2016年版中就将平疫结合纳入健康建筑的基本属性，但在此次战疫中仍显现出长期居家时用户舒适性不足、应急储备不足、缺少应急空间等问题。因此，修订过程中针对系列问题，从降低交叉感染、提升居家舒适性、提升生活便利性、提升健身与交流环境、提升绿化人文环境、提升智慧生活体验六个方面入手，深化以人为本、提升平疫结合的基本属性。

2）强化跨界融合，提升营养、心理、行为、智慧等元素与健康建筑理念融合

修订编制组在原核心团队基础上，强化了心理学、食品营养、体育健身、主动健康、智慧建筑等领域专家组成，强化了中式厨房、人体工学、全龄友好等专项研编。建立了包含建筑、暖通、给水排水、景观、规划、声学、光学、建筑材料、卫生、心理、毒理、智慧、营养、健身、管理、行为十六项建筑领域与健康强相关领域融合的研编团队。

3）参考2000栋建筑的实践反馈，优化指标体系

结合实践反馈的可行性、适用性、引领性以及条文难度等方面的反馈意见，优化完善指标体系。如：细化了空气章节关于甲醛、TVOC等污染物在设计阶段选材、预评估的计算原理及方法；细化了生理等效照度的设计目标、原理以及通过视觉照度计算生理等效照度的计算方法；明确了建筑配套健身设施数量的配备比例具体计算方式；提升了照明系统智能化控制在不同建筑类型中的适用性；细化了建筑内有关食品供应服务的具体管控内容等。

4）融入新技术、新理念，增设"主动健康""健康建筑产品"等新内容

在修订过程中，融入主动健康新理念，以人的生命健康为核心目标，围绕构建人与自然生命共同体，通过在建筑加载医疗器械级的健康信息自动感知、储存、智能计算、传输、预警等设施装置的集成系统，实现对建筑使用者的健康风险干预，创造健康价值、应对健康危机等。另外，该标准引入了健康建筑产品的理念，具体指以促进使用者的全面健康、提升建筑健康性能为目标，符合健康建筑参数要求的装饰装修材料、家具家电部品、设备设施等建筑产品。以支撑健康建筑各项健康理念的实施、各项健康性能的实现。

5）提升标准的普适性，结合最新行业政策发展、国家标准修订情况，简化标准使用程序，优化指标体系

一方面，增设健康建筑的评价等级，由 2016 年版的三级变为四级，以兼顾我国健康建筑理念在不同地域的普及推广；另一方面，结合我国绿色建筑的全国推广，健康建筑在程序上与绿色建筑标识脱钩、取消不参评项，简化标准使用程序；再一方面，结合国家标准《室内空气质量标准》GB/T 18883—2022、《民用建筑工程室内环境污染控制标准》GB 50325—2020、《民用建筑设计统一标准》GB 50352—2019、《公共建筑室内空气质量控制设计标准》JGJ/T 461 等系列标准的制订修订，优化完善指标体系。

3.3.7　健康社区标准

《健康社区评价标准》T/CECS 650—2020（T/CSUS 01—2020）响应"健康中国"战略，支持"健康城市"建设，助力预防关口前移，建立保障人民健康的重要防线。从设计之初就充分考虑了平疫结合（长效健康和应急预防）与慢急兼顾（慢性病和急性传染病）。创新性地在社区层面建立了以"空气、水、舒适、健身、人文、服务"六大健康要素为核心的指标体系。以可靠的数据测量、可实施的评价手段，提升社区健康基础，营造更适宜的健康环境，提供更完善的健康服务，保障和促进人们生理、心理与社会全方位的健康。作为我国首部以健康社区为主题的标准，填补了在相关领域的空白。《健康社区评价标准》T/CECS 650—2020 实施后将在助力健康城市建设，贯彻落实健康中国战略，拉动健康、养老服务消费，促进行业就业与转型升级方面发挥重要作用。

1. 标准背景

社区是一切复杂的社会关系全部体系之总称，作为人民群众生活工作的基本单元，是落实"健康中国"建设的重要抓手和路径。2015 年，党的十八届五中全会明确提出"推进健康中国建设"。2016 年，《"健康中国 2030"规划纲要》印发并实施，强调"广泛开展健康社区、健康村镇、健康单位、健康家庭等建设，提高社会参与度"，将生活行为方式、生产生活环境以及医疗卫生服务作为重要的影响因素。2017 年，十九次全国代表大会提出"实施健康中国战略"。2018 年，《全国爱卫会印发全国健康城市评价指标体系（2018 版）》印发并实施，凸显"大健康"理念，并提出健康社区覆盖率的指标。2019 年，《国务院关于实施健康中国行动的意见》指出"制定健康社区、健康单位（企业）、健康学校等健康细胞工程建设规范和评价指标"，并制定了到 2030 年居民健康

素养水平≥30％，人均预期寿命达到79岁，城乡居民体质合格率达到92.2％等系列中长期健康指标。这一系列文件的印发，充分体现了党和国家维护人民健康的坚定决心和战略布局，同时也为健康社区的发展与建设指明了方向。

2. 主要内容

《健康社区评价标准》T/CECS 650—2020 沿用健康系列标准的"六大健康要素"——空气、水、舒适、健身、人文、服务，作为核心指标。

"六大健康要素"中，"空气"的主要内容包括：污染源（垃圾收集与转运、餐饮排放控制、控烟与禁售等）；浓度限值（室外及公共服务设施室内的 PM2.5、PM10 浓度限值等）；监控（室外大气主要污染物及 AQI 指数监测与公示、公共服务设施内空气质量监测系统并与净化系统联动控制）；绿化（通过设置绿化隔离带、提高绿化率、提升乔灌木比例等增强植物的污染物净化与隔离作用）。

"六大健康要素"中，"水"的主要内容包括：水质（泳池水、直饮水、旱喷泉、饮用水等各类水体总硬度、菌落总数、浊度等参数控制）；水安全（雨水防涝、景观水体人身安全保护、水体自净）；水环境（雨污组织排放及监测、雨水基础设施）。

"六大健康要素"中，"舒适"的主要内容包括：噪声控制与声景（室内外功能空间噪声级控制、噪声源排放控制、回响控制、声掩蔽技术、声景技术、吸声降噪技术等）；光环境与视野（玻璃光热性能、光污染控制、生理等效照度设计、智能照明系统设计与管理、生理等效照度设计等）；热舒适与微气候（热岛效应控制、景观微气候设计、通风廊道设计、极端天气应急预案等）。

"六大健康要素"中，"健身"的主要内容包括：体育场馆（不同规模社区大、中、小型体育场馆配比设计）；健身空间与设施（室内外健身空间功能、数量、面积等配比设计）；游乐场地（儿童游乐场地、老年人活动场地、全龄人群活动场地等配比设计）。

"六大健康要素"中，"人文"的主要内容包括：交流（全龄友好型交流场地设计，人性化公共服务设施，文体、商业及社区综合服务体等）；心理（特色文化设计、人文景观设计、心理空间及相关机构设置）；适老适幼（交通安全提醒设计、连续步行系统设计，标识引导、母婴空间设置、公共卫生间配比、便捷的洗手设施等）。

"六大健康要素"中，"服务"的主要内容包括：管理（质量与环境管理体系、宠物管理、卫生管理、心理服务、志愿者服务等）；食品（食品供应便捷、食品安全把控、膳食指南服务、酒精限制等）；活动（联谊、文艺表演、亲子活动等筹办，信息公示，健康与应急知识宣传等）。

"提高与创新"对社区设计与管理提出了更高的要求，在技术及产品选用、运营管理方式等方面都有可能使社区健康性能得以提高。为建设更高性能的健康社区，鼓励在健康社区的各个环节中采用高标准或创新的健康技术、产品和运营管理方式。

3. 《健康社区评价标准》T/CECS 650—2020 的定位

《健康社区评价标准》T/CECS 650—2020 响应"健康中国"战略，支持"健康城市"建设，助力预防关口前移，建立保障人民健康的重要防线。从设计之初就充分考虑了平疫结合（长效健康和应急预防）与慢急兼顾（慢性病和急性传染病）。以可靠的数据测量、可实施的评价手段，提升社区健康基础，营造更适宜的健康环境，提供更完善的健康服务，保障和促进人们生理、心理和社会全方位的健康。

《健康社区评价标准》T/CECS 650—2020 在社区大空间范畴内，同《健康建筑标准》相辅相成，分别着眼社区尺度和建筑尺度的健康要素。《健康社区评价标准》T/CECS 650—2020 围绕现代健康观所强调的多维健康的理念，不仅关注个体，也关注各种相关组织和社区整体的健康。健康社区注重结果也强调过程，即健康社区不仅指达到了某个健康水平，也要求社区管理者秉持促进和保护居民健康的根本理念，并不断采取和实施着切实可行的措施促进和保护人们的健康。

3.3.8 公园城市建设

为深入贯彻落实习近平总书记 2018 年提出的公园城市理念，引导各地城市规范有序推进公园城市建设，中国风景园林学会于 2019 年率先提出制定《公园城市评价标准》，明确了公园城市内涵和建设重点，构建了公园城市评价指标体系，并设置三个评价等级，以期通过指标指引公园城市建设的重点内容、通过等级评价指导各地根据其自然资源与社会经济实力，合理设定公园城市建设的阶段性目标，量力而行、尽力而为，循序渐进地实现公园城市的美好愿景。

1. 公园城市的定义

《公园城市评价标准》明确公园城市是"将城市生态、生活和生产空间与公园形态有机融合，充分体现城市空间的生态价值、生活价值、景观价值、文化价值、发展价值和社会价值，全面实现宜居宜学宜养宜业宜游的新型城市发展理念"。

2. 主要内容与重要目标

《公园城市评价标准》围绕公园城市建设主要内容和重要目标构建了完整的分级分类指标体系，具有普适性、差异性、前瞻性、实用性等特点，并体现了四大创新：一是理念创新，引导城市尊重自然、顺应自然、保护自然，并基于自然资源禀赋科学规划、合理建设、绿色高质量发展；二是机制创新，建立"人、城、园"三元互动平衡、和谐共生共荣的发展机制；三是模式创新，因地制宜、不同区域针对性地采取"公园＋"或"＋公园"的精准模式；四是治理创新，构建"规划、建设、治理"全过程评价体系（图 3-2）。

3. 主要功能

一是贯彻落实国家大政方针，提供践行习近平总书记公园城市理念的理论支撑和技术指引；二是引领行业创新可持续发展，强调了绿色生态空间在国土空间规划中的基础性、前置性要素地位；三是给各地城市一把"尺子"，通过对标评价、摸清家底，基于《公园城市评价标准》指引有序推进公园城市建设，促进城市螺旋式提升，最终实现人、城、园和谐共生、永续发展的终极目标。

《公园城市评价标准》作为首部面向全国的普适性、可操作性的评价标准，解决了在新时代背景下公园城市规划、设计、建设和治理过程中所面临的发展目标不明确、实施路径不清晰等重要问题。当前公园城市建设已逐渐成为各地推进城市高质量发展的重要抓手，《公园城市评价标准》的实施将为各地建设高质量可持续发展的现代化城市、打造美丽宜居魅力家园提供决策依据与方法指引。

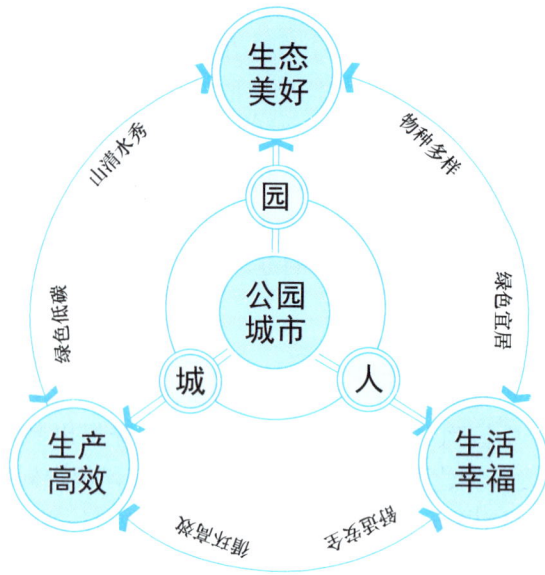

图 3-2　公园城市评价体系

4. 建设目标

围绕人、城、园（大自然）三元素，按照"规划—建设—治理"全生命周期统筹的逻辑，《公园城市评价标准》提出了生态环境优美、人居环境美好、生活舒适便利、城市安全韧性、城市特色鲜明、城市发展绿色与社会和谐善治 7 个重点建设目标（图 3-3）。

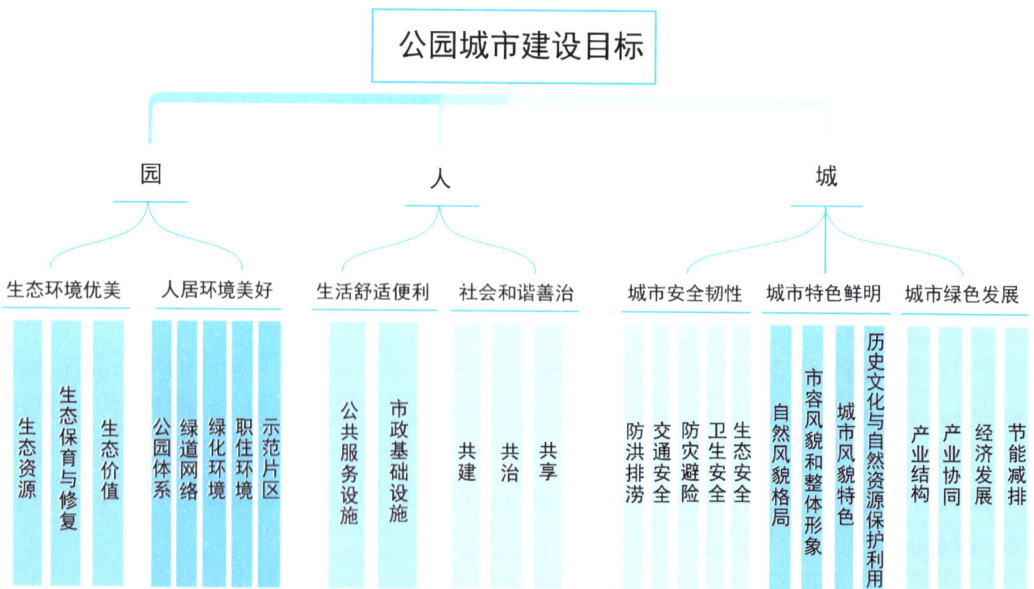

图 3-3　公园城市建设目标

5. 等级划分

《公园城市评价标准》将公园城市建设目标设置为初现级、基本建成级、全面建成级，主要是考虑公园城市是城市发展的终极目标，不是一蹴而就的。各地城市可通过对标自评，摸清家底，清楚地了解自身处于什么样的层级水平，再根据其自然资源与社会经济实力，合理设定公园城市建设的阶段性目标，量力而行、尽力而为。不同等级公园城市的评价内容相同，但针对不同层级的同一评价指标，其类型定位和目标值则不尽相同。总体而言，随着等级升高，建设内容与要求也越来越高，基础项的数量递增，引导项则递减；对于各等级评价中基本定位不变的指标，随着等级升高，其阈值有所提高。

3.3.9　无废城市建设

为指导城市做好"无废城市"的建设工作，推动城市大幅度减少固体废物的产生量、促进固体废物的综合利用、降低固体废物的危害性，最大限度地降低固体废物填埋量，稳步提升固体废物治理体系和治理能力，制定《"无废城市"建设指标体系（2021年版）》（以下简称《指标体系》）。《指标体系》以创新、协调、绿色、开放、共享的新发展理念为引领，坚持科学性、系统性、可操作性和前瞻性原则进行设计，由5个一级指标、18个二级指标和60个三级指标组成。一级指标主要包括固体废物源头减量、资源化利用、最终处置、保障能力和群众获得感5个方面。二级指标主要覆盖工业、农业、建筑业、生活领域固体废物的减量化、资源化、无害化，以及制度、市场、技术、监管体系建设与群众获得感等18个方面。

1. 无废城市理念的起源与发展

"无废"一词源自英文"Zero Waste"，常被译为零废物、零废弃物、零废弃、零垃圾、零填埋和零浪费等。"Zero Waste"一词最早出现在1973年美国耶鲁大学化学博士保罗·帕尔默（Paul Palmer）创建的"零废物系统公司"（Zero Waste Systems InC.），这家公司主要从事化学品的回收和再利用。其产生的最初背景是工业化和城市化导致大量城市固废垃圾产生和填埋焚烧处置方式对生态环境造成的破坏。

伴随工业化和城市化进程的不断推进，人均收入水平的提高带动了对产品和服务的需求。人们消费的产品种类越来越多，更换频率越来越高，并且需要大量的一次性用品及包装。这一方面导致了资源枯竭和能源危机，另一方面也导致了大量废物的产生。垃圾处置途径主要有填埋、焚烧、堆肥和回收利用等。像美国等土地资源相对充足的国家，填埋成为其主要的处理方式。而像北欧及日本等国家，由于普遍国土面积较小、人口密度较大，固废填埋并不是特别经济的选择，所以焚烧比例相对较高。出于城市地区垃圾填埋场的短缺以及垃圾焚烧厂（垃圾发电技术）对环境造成不良影响的顾虑，最初的"无废"聚焦于垃圾的回收再利用和无害化处理，即在生产和生活中产生的各种废弃物，可以作为其他产业的原料加以利用，实现生活垃圾循环再利用的最大化。

经过30多年的发展演化，"无废"理念从注重末端治理提高回收利用率转变为注重源头减量和过程再使用的"废物倒金字塔"新型管理理念。许多西方国家的城镇和机构将"零垃圾"目标纳入其垃圾管理战略，"无废城市"概念便被作为城市垃圾管理和垃圾减量的终极目标。

2. 无废城市的概念辨析

"无废城市"是一种先进的城市管理理念，目前在国际上没有统一的定义，也没有有统一的"无废"标准。最具有共识的是无废国际联盟对"无废"的定义，即"通过负责任地生产、消费、回收，使得所有废弃物被重新利用，没有废弃物焚烧、填埋、丢弃至露天垃圾场、海洋，从而不威胁环境和人类健康"。这一定义的核心是没有废弃物焚烧和填埋，对城市废弃物管理的要求较高。

"无废城市"概念也是动态的。近年来，一些国家和地区不断挖掘拓展"无废"的内涵和外延，设置更高水平的建设标准。如新加坡作为城市型国家，将2019年定为"迈向零废弃"年，并推出首个"零废弃总蓝图"，旨在建立"零废弃国家"。2017年，杜祥琬院士等研究认为，我国未来将从"无废城市"试点逐步过渡到"无废社会"。"无废社会"是"通过创新生产和生活模式，构建固废分类资源化利用体系等手段，动员全民参与，从源头对废物进行减量和严格分类，并将产生的废物，通过分类资源化实现充分甚至全部再生利用，使整个社会建立良好的废物循环利用体系，达到废物近零排放，实现资源、环境、经济和社会共赢"。

总的来说，"无废城市"是一个新的城市管理概念，是一种城市固废减量化、资源化和无害化的全生命周期管理。"无废"不是城市不产生固废，而是根据不同的经济发展阶段，达到不同的"废物"排放和利用目标。

3. 政策梳理

2017年，中国工程院杜祥琬院士牵头提出《关于通过"无废城市"试点推动固体废物资源化利用，建设"无废社会"的建议》和《关于建设"无废雄安新区"的几点战略建议》，获中央领导的重要批示。

在2018年2月全国环境保护工作会议上，生态环境部部长表示将推动开展"无废城市"建设试点。2019年1月国务院办公厅印发《"无废城市"建设试点工作方案》，提出在全国范围内选择10个左右有条件、有基础、规模适当的城市，在全市域范围内开展"无废城市"建设试点。到2020年，系统构建"无废城市"建设指标体系，探索建立"无废城市"建设综合管理制度和技术体系，形成一批可复制、可推广的"无废城市"建设示范模式。

2019年4月，生态环境部筛选确定"11＋5""无废城市"建设试点，分别为广东省深圳市、内蒙古自治区包头市、安徽省铜陵市、山东省威海市、重庆市（主城区）、浙江省绍兴市、海南省三亚市、河南省许昌市、江苏省徐州市、辽宁省盘锦市、青海省西宁市以及河北雄安新区（新区代表）、北京经济技术开发区（开发区代表）、中新天津生态城（国际合作代表）、福建省光泽县（县级代表）、江西省瑞金市（县级市代表）。

2019年5月，生态环境部印发《"无废城市"建设试点实施方案编制指南》和《"无废城市"建设指标体系（试行）》，试点城市与地区按要求编制"无废城市"建设试点实施方案。试点两年间，深圳等11个城市和雄安新区等5个特殊地区积极开展改革试点，取得明显成效。

2021年12月，生态环境部等18部委印发的《"十四五"时期"无废城市"建设工作方案》提出："推动100个左右地级及以上城市开展"无废城市"建设，到2025年，"无废城市"固体废物产生强度较快下降，综合利用水平显著提升，无害化处置能力有效保障，减污降碳协同增效作用充分发挥。"

3.4 国际绿色低碳建筑发展历程

1969年，美籍意大利建筑师鲍罗·索雷里首次综合生态与建筑提出了"生态建筑"理念。1969年，美国建筑师伊安·麦克哈格著的《设计结合自然》一书，标志着生态建筑学的正式诞生（图3-4）。

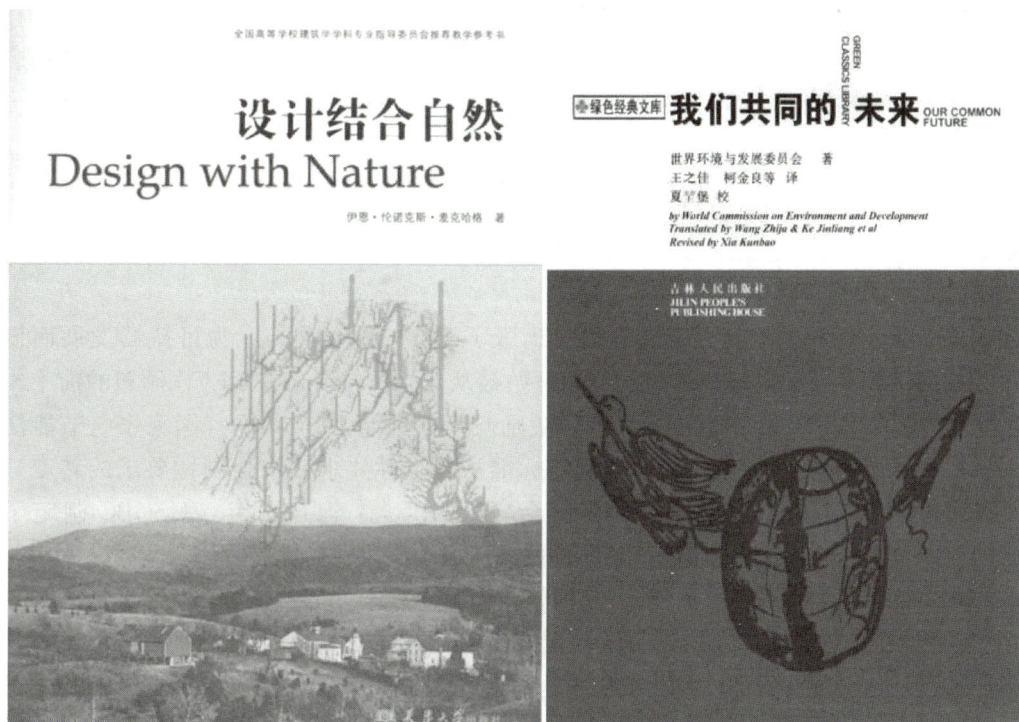

图3-4 《设计结合自然》与《我们共同的未来》

在20世纪70年代的石油能源危机的背景下，绿色建筑进入了初步发展阶段，使人们意识到耗用自然资源最多的建筑产业必须走可持续发展的道路。20世纪80年代，随着节能建筑体系逐渐完善，以健康为中心的建筑环境研究成为发达国家建筑研究所的新热点，并在德国、英国、法国、加拿大等发达国家广泛应用。1987年，联合国环境署出版了《我们共同的未来》。该书从粮食、能源、城镇化、物种多样性等角度出发，确立了可持续发展的思想。1990年，英国建筑研究院发布了绿色建筑标准BREEAM (Building Research Establishment Environmental Assessment Method)。此后，德国（DGNB）、法国（ESCALE）、澳大利亚（NABERS）等国家在BREEAM的基础上建立了本地的绿色建筑标准。1998年，美国绿色建筑协会颁布了LEEDV1.0版本，并成了全球范围内应用最广的绿色建筑评价体系。LEED评价体系以2~3年为更新周期，一共进行了三次较大的版本更迭，其中V4版本打破了按照建筑功能评价的传统方式，提出了按照建筑使用阶段进行评价计算的方法。以建筑设计及施工（BD+C）中的新建建筑为例，LEED从选址与交通、可持续场地、节水与水资源、能源与大气等9个方面进行打分（满分 110），并按得分评估将建筑分为认证级（40～49）、银级（50～59）、金级（60～79）和铂金级（80～110）（图 3-5）。

LEED 2009版本 适用建筑类型	LEED V4版本 适用建筑类型
新建建筑 核心和外壳 学校 零售 医疗保健 既有建筑 商业室内 社区 住宅	BD+C建筑设计与施工： 　新建建筑、核心与外壳、学校、零售、医疗保健、宾馆接待、数据中心、仓储和配送中心 O+M建筑运营与维护： 　既有建筑、学校、零售、医疗保健、宾馆接待、数据中心、仓储和配送中心 ID+C室内设计与施工： 　商业室内、零售、医疗保健、宾馆接待 ND社区开发 HOMES住宅

图 3-5　LEED 09 版与 V4 版本适用范围对比和等级标识

3.4.1　美国

1991 年，美国学者布兰达与罗伯特出版了著作《绿色建筑：为可持续发展而设计》，该书的出版标志着绿色建筑的概念开始被从业人员接受。在 LEED 颁布的前十年间美国政府陆续出台了节能法案、经济激励政策，例如 1987 年的《国家家电节能法案》，1992 年的《能源政策法》等（节能标准从规范性要求变成强制性要求的转变），并于 1993 年成立了美国绿色建筑委员会（USGBC）。至 1998 年，USGBC 制定了 LEED 评价体系，标志着美国绿色建筑的发展从启动阶段迈向发展阶段。

2007 年初，美国颁布《加强联邦环境、能源和交通管理》条案，设置大量的联邦能源和环境管理的要求，目的是每年计量能源消耗减少 3％，计量能源消耗到 2015 年减少 30％，在 2015 年计量用水量减少 16％。2007 年末，能源独立和安全法案（EISA2007）提出新的能源管理目标和需求。法案制定了提高建筑和设备能源效率的标准，倡导可再生能源和生物燃料的使用。该法案规定设立美国能源部商业高性能绿色建筑办公室以及总务管理局联邦高性能建筑办公室，到 2030 年建筑要达到碳中性的这一目标也在该法案中首次提出。2009 年，行政令 13514 推动各级政府对可持续发展的关注程度，它的目标是截至 2015 年，至少 15％已建和联邦建筑能够达到能效导则，到 2030 年 100％的新建联邦建筑实现零能耗。且从 2020 年开始，所有新规划的联邦建筑都要求其设计规格满足到 2030 年实现零能耗的目标。这也是零能耗建筑第一次在联邦绿色建筑发展计划中被提及。

2015 年 3 月，美国政府颁布了一项具有里程碑意义的联邦可持续发展十年规划，明确提出至 2025 年底的建筑能耗控制目标：要求建筑能耗以每年每平方米 2.5％的速率（以 kWh 计）持续降低。该规划特别强调，各政府机构需在 2015 年基准上，全面提升其设施建筑的能源使用效率。随着全球气候治理进程的推进，2020 年后美国建筑政策的重心逐步转向碳排放控制，零碳建筑理念得到进一步强化。在此背景下，《通过联邦可持续性促进清洁能源行业和就业：高效的联邦运营》第 14057 号行政令的出台，标志着美国建筑脱碳战略进入新阶段。该行政令通过"联邦可持续发展计划"对建筑脱碳政策进行了系统性部署，并首次确立了 2045 年实现净零排放建筑的明确目标。为实现这一宏伟蓝图，联邦政府制定了一系列配套政策，重点聚焦于新建建筑、重大改造项目的能效提升，以及建筑领域全面电气化转型和能源使用优化等关键领域。

3.4.2 英国

英国绿色建筑的发展较早，主要研究建筑材料的热性能、暖通设备能耗效率和可再生能源等技术问题。20 世纪 70 年代，能源危机之后，英国建筑界关注建筑节约能源问题，建设了一批低能耗住宅，其中比较突出的是米尔顿和彭妮兰住宅小区。他们在设计中研究、运用了一系列被动式太阳能技术，对与能耗有关的因素，诸如围护结构的保温、采光、太阳辐射、建筑蓄热能力和人工采光等，都进行了有益的探索。节能建筑虽然不是完全意义上的绿色建筑，但节能建筑的研究和探索却为绿色建筑的发展积累了技术和经验。1990 年，英国建筑研究院（BRE）发布了世界上第一个评价体系 BREEAM（图 3-6）。

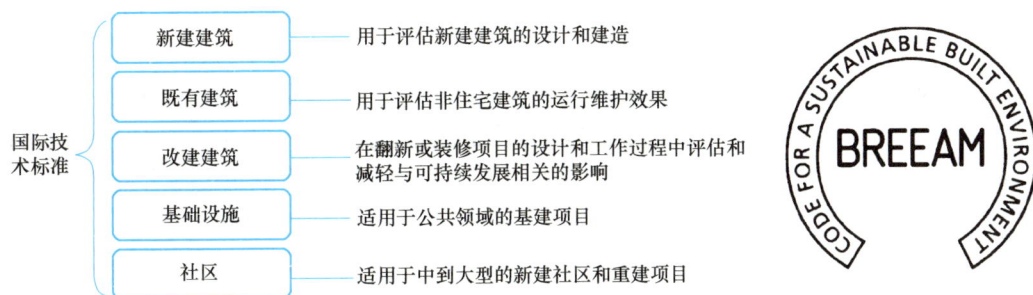

图 3-6　BREEAM 适用范围与标识

自 2001 年起，政府大量拨款提高家庭用能效率，要求能源公司提供节能设备和产品，并制定了全球第一部《气候变化法案》，用法规的形式对节能减排的成效做了规定，英国的绿色建筑从此进入了稳步发展时期。每类标准包含 9 个方面的评估，分别是：运行管理、健康和舒适、能源、交通、水、材料、土地利用和生态、垃圾、污染。项目对应不同的得分点，每个得分点从建筑性能、设计与建造、管理与运行 3 方面：对建筑进行评价。评价结果按照各部分权重进行计分，计分结果分为 5 个星级，分别是：通过（Pass，≥30%）；良好（Good，≥45%）；优秀（Very Good，≥55%）；优异（Excellent，≥70%）；杰出（Outstanding，≥85%）。获得优异和杰出等级的建筑代表了英国建筑设计与施工的最高水准。新建建筑获得认证后，为确保建筑运行使用阶段的性能以及减少建筑的运行成本，可通过 BREEAM In-Use 评价计划对建筑进行定期的评价、审核与认证，获得四星和五星等级的建筑必须在运行的首个三年之内获得 BREEAM In-Use 的性能认证，否则三年期满会被降级为下一等级。

2008 年，英国政府出台了世界第一部《气候变化法案》，第一个用法规的形式规定，到 2020 年英国的二氧化碳排放要减少 26%～32%，到 2050 年要减少 60%。举办 2012 年伦敦奥运会对绿色建筑发展起了积极的推动作用，伦敦政府计划在泰晤士河两岸长达 40 英里（约 64km）的区域内除建设绿色的奥林匹克比赛场馆外，还要建设新的废物处理系统和 16 万个新的"零碳化"住宅，使这里成为英国的第一座生态城。

3.4.3　澳大利亚

澳大利亚绿色建筑委员会是一个国家级的非营利性组织，于 2002 年成立，是唯一得到全国行业和政府部门支持的组织。在布里斯班、悉尼、堪培拉和墨尔本都有办事处，在澳大利亚各州都有相应的负责人。澳大利亚国家建筑环境评价标准（NABERS）类似于国家标准，于 2001 年首次发布。2010 年之后，澳大利亚要求，在买卖或租赁大型办公建筑时，卖方或出租人必须出具建筑的 NABERS 能源利用的认证。NABERS 评价标准体系的建筑类型包括办公建筑、租赁办公室、公寓、购物中心、公立医院、酒店、居家养老中心、退休生活建筑以及数据中心。NABERS 是一种六星评价标准体系，针对不同类型建筑，分别开发了能源利用、水利用、垃圾处理、室内环境与碳中和 5 个评价标准，每个标准均可单独使用，并分别颁发相应的认证证书。

澳大利亚为完成 2020 年温室气体排放比 2000 年下降 5％至 15％的规划目标，政府推出了一系列政策措施推动全社会的碳减排工作，绿色建筑得到高度推崇，相关法律法规及评价体系也日趋完善。包括商业建筑信息公开（CBD）、澳大利亚建筑规范（BCA）、最小化能源性能标准（MEPS）等在内的强制性政策取得了一定效果。其中，商业建筑信息公开要求 2000m² 或以上的办公建筑在处置之前，要公开最新的建筑能源效率认证（BEEC）；建筑规范规定了新建居住建筑和商业建筑在能源效率方面的要求；最小化能源性能标准则是各州政府在建筑方面的法律法规中的强制项目。

澳大利亚绿色建筑发展的相关配套政策有可再生能源目标（RET）、能源效率机会（EEO）、全国温室气体以及能源报告（NGER）等。其中可再生能源目标（RET）从 2009 年 8 月颁布实施，2011 年 1 月 1 日起分割为大额可再生能源目标（LRET）和小额可再生能源目标（SRET），为 2020 年澳大利亚电力供应提供更多的再生能源。澳大利亚发展绿色建筑的激励措施主要是减税，建立绿色建筑基金、国家太阳能学校项目和基于太阳能热水补贴的可再生能源补贴制度。

澳大利亚绿色建筑评估体系有建筑温室效益评估、澳大利亚国家建筑环境评估和绿色之星认证。其中绿色之星评估系统针对不同的建筑类别，从室内环境、能源、节材、创新等 9 个方面分别评分，每个评价系统根据不同权重计算分值。项目得分 45～59 分的为四星，60～74 分为五星，75～100 分为六星。六星是绿色之星最高级别的评价认证，意味着该项目的环境可持续设计或建造达到了世界领先水平。

3.4.4　德国

第二次世界大战之后，快速建造的大批房屋质量不高，能源效率也不高。1977 年德国颁布了第一部建筑节能法规《建筑保温条例》WSVO 1977，此后经过 40 多年的发展，建筑节能取得了非常显著的成果。德国从 2009 年版的《建筑节能条例》开始引入基准建筑能耗计算方法，使建筑能耗计算更加科学、准确。值得注意的是，德国相关法律规定的建筑外围护结构的传热系数在 2009 年就达到了较高的标准，如建筑外墙 $U \leqslant$ 0.28W/（m²·K）、外窗 $U \leqslant$ 1.3W/（m²·K），外窗玻璃 $U \leqslant$ 1.1W/（m²·K），在此之后并没有明显提高，但对建筑整体能耗指标要求进一步严格。因此，2009 年之后德国建筑行业节能不是通过标准进一步强制降低建筑外围护结构的传热系数而实现，而是标准要求建筑整体能耗水平降低，需要设计单位通过优化设计和技术措施（灵活采用包括更好的外围护结构和设备体系以及扩大可再生能源的利用）才能达到标准所要求的能耗水平。

2010 年 7 月 8 日，欧盟《建筑能效指令》正式生效，德国的专家参与了该欧盟指令的编制工作。该指令要求欧盟各成员国 2018 年 12 月 31 日以后由政府拥有或使用的新建建筑达到近零能耗建筑水平，2020 年 12 月 31 日以后各成员国所用新建建筑达到近零能耗建筑水平。指令同时要求欧盟各成员国在 2012 年 7 月 9 日之前编制本国相关法规，细化该指令的实施。为落实欧盟指令《2010/31/EU》的要求，德国 2013 年实施了《节约能源法》。该法要求，2019 年 1 月 1 日起德国政府拥有或使用的新建建筑达到近零能耗建筑水平，2021 年 1 月 1 日起所有新建建筑达到近零能耗建筑水平。德国 2014 年 5 月生效实施的 2014 版德国《节能条例》，对于进一步提高建筑能效提出了具体实施细则，为迈向近零能耗建筑提供了技术基础和路径。

2019 年 10 月，德国政府联邦内阁通过了 2020 版德国《建筑能源法》。之后，该法案将提交议会审议，预计 2020 年正式生效。该法将现有的《建筑节能条例》《节约能源法》和《促进可再生能源供暖法》整合在一起，成为德国实施近零能耗建筑标准更简单明确的法律框架。通过《建筑能源法》的实施，德国政府希望提高建筑行业的能源效率，促进能源转型和气候保护，以及经济、环境和社会三方面的和谐发展（图 3-7）。

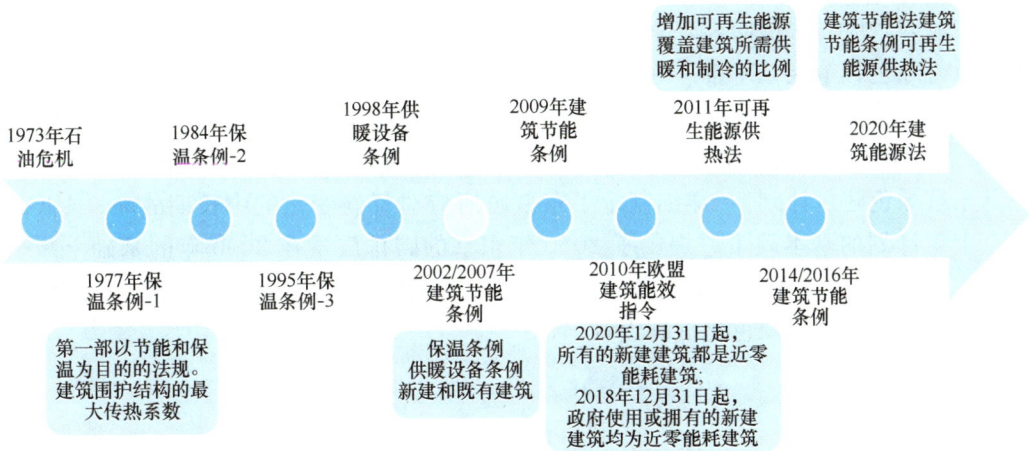

图 3-7 德国绿色建筑发展历程

3.4.5 日本

日本是一个能源非常匮乏的国家，曾经历过经济高速发展、环境严重污染的时期，后来通过高成本整治污染、发展节能环保产业、循环经济产业，重新恢复清洁美丽的环境。加之，经历了 20 世纪 70 年代两次石油危机，日本全社会的能源危机和环保意识不断增强。

在战略发展与未来目标方面，2007 年 6 月，日本内阁会议制定的《21 世纪环境立国战略》中指出：为了实现建设可持续社会的目标，需要综合推进低碳社会、循环型社会和与自然和谐共生的社会建设。2009 年，日本政府公布了《绿色经济与社会变革》的战略政策草案，方案重点支持政府采取环境、能源措施刺激绿色建筑产业等新产业经济，实现与自然和谐共生的社会目标。2010 年，日本政府在《绿色经济与社会变革》的新发展战略中又提出了"2020 年之前使零能耗住宅成为标准的绿色建筑"的目标。为此，国交省、经产省、环境省的方针是在 2020 年之前，要求所有新建住宅和建筑物必须符合绿色化节能标准，计划在今后不断修改《节约能源法》的同时，进一步明确建筑产业绿色化具体程序。国交省在各方的大力推动下，绿色建筑产业化开始在日本踏上腾飞之路，一场建筑产业的"绿色革命"正在来临，必将对日本经济产生积极影响。

日本通过不断完善的法规与政策颁布大力引导绿色建筑的应用和产业绿色化的推广，形成了一套较为完善的法规体系。日本绿色建筑发展起步较早，1979 年日本政府颁布的《节约能源法》为节能管理工作奠定了基础，该项法律包括工厂企业节能、交通运输节能、住宅建筑节能、机械设备节能等。此后，为了适应不断发展的经济与社会需求，《节约能源法》先后共经历了 1983 年、1993 年、1999 年、2003 年、2006 年、2008 年、2010 年、2013 年的八次修订。此外，作为《节约能源法》的附属法规，日本政府引导绿色建筑和产业绿色化相关的法律还有：1980 年颁布的《住宅节省能源基准》；1982 颁布的《房屋质量保证促进法》；1998 年颁布的《地球温暖化对策推进法》；2000 年颁布的《促进住宅品质保证法》；2001 年颁布的《资源有效利用促进法》等。

在地方政府立法层面，东京在市政府机构中广泛采用绿色节能措施，为绿色建筑产业与绿色化节能技术推广起到示范作用。据统计，2005 年整个东京 60％ 的能耗来自建筑。为此，东京市政府相继出台了《东京绿色建筑计划》《绿色标签计划》《低碳东京十年计划的基本政策》《东京节能章程》《东京环境总体规划》等政策。根据《东京绿色建筑计划》，详细制定了东京政府应对气候变化的中长期战略；《低碳东京十年计划的基本政策》提出了 2020 年东京的碳排放量在 2000 年的基础上减少25％；《东京节能章程》要求面积为 1 万 m² 的新建建筑，必须向政府提交环境报告，促使建筑产业者进行绿色化低碳设计。

3.4.6　国际上推动绿色建筑的重要机构——世界绿色建筑委员会

世界绿色建筑委员会（World Green Building Council，WGBC）成立于 2012 年，以商业为主导的联盟。70 个国家或地区绿色建筑委员会（Green Building Councils，GBC）加入，在全球拥有 37000 会员，其中包括 23000 公司会员和 14000 个人会员。该委员会的四项职责为促进和完成绿色建筑全球化、建立强大的全球性绿色建筑协会联盟、拓展绿色建筑的影响以及向政府证明绿色建筑的价值。

3.5 国际绿色建筑标准发展历程

3.5.1 美国

美国 LEED 体系最早的版本 LEED-NC1.0（LEED for New Construction）于 1998 年颁布，主要是面向办公和商业建筑，2000 年更新为 LEED-NC2.0。在随后的评估体系发展中，NC 版本不断升级（NC2.1 与 NC2.2），标准趋于成熟，覆盖面也更广，于是在 2009 年颁布了 LEED V3.0（也常被称为 LEED 2009），LEED V3.0 是执行时间较长的评价指标文件。2014 年美国绿色建筑委员会对 LEED 建筑及建造评价标准进行了修订，形成了 LEED V4.0，并一直执行至今。2019 年发展为 LEED V4.1，是目前世界范围应用最广的绿色建筑评价标准之一（图 3-8）。

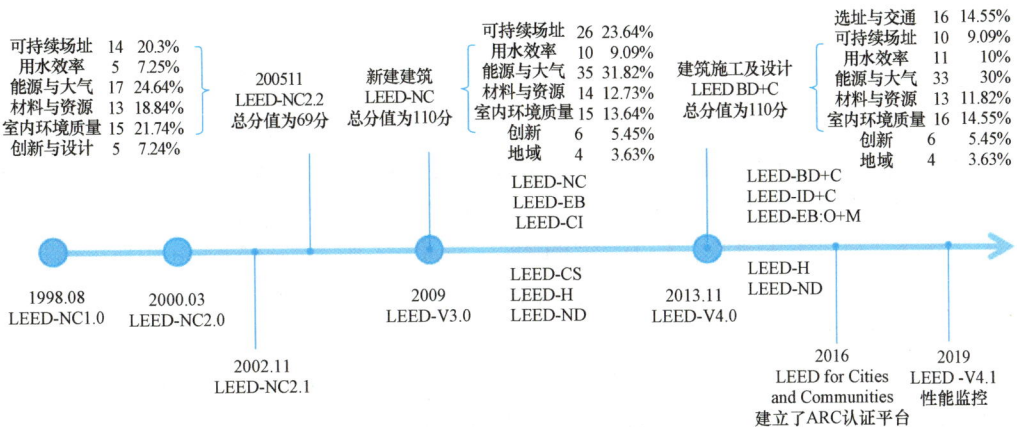

图 3-8 LEED 标准的发展历程

LEED V4.0 包括建筑设计及施工（BD+C）、室内设计及施工（ID+C）、既有建筑：运营及维护（EB：0+M）、社区开发（ND）、住宅（Homes）五大类。建筑设计及施工（BD+C）适用范围最广（图 3-9），也是最早版本 LEED-NC1.0 的发展及延续至今的分类，包括新建建筑（NC）、核心与外壳、学校、零售、数据中心、仓储和配送中心、宾馆接待以及医疗保健等八种类型的建筑标准。不同类型建筑评价指标包含的大项及分项内容基本相似，但在不同类型建筑中某些项是作为"必须项"还是"评分项"有所区别，针对不同类型的建筑，每项分值大小（代表了权重）也有所不同。

LEED 认证共分为认证级、银级、金级和铂金级 4 个等级。在 LEED 标准 2009 版本修订时，进行过评价定级方面的调整，建立了当前沿用的简明清晰的评价定级方式。此前的 LEED 标准 V2.2 版本中，不同标准的总分不同，例如，NC 新建建筑标准总分为 69 分，EB 既有建筑标准总分 85 分，CI 商业室内标准总分 57 分。由于每个标准总分不同，各认证等级所需分数也不一致，显得比较复杂。针对这一不便，LEED 标准 2009 版本将总分统一为 110 分，其中加分项（创新大类和地域优先大类可视为加分项）

LEED BD+C: 新建及重大改造建筑

标准书面表达

LEED BD+C:新建及重大改造建筑
LEED BD+C:New Construction and Major Renovation

体系解读

如果项目非学校、零售、数据中心、仓储和物流中心、酒店、医院这类建筑，且强调新建项目的设计与建造，或虽有建筑的重大改造，包括主要的暖通空调设备、重要的建筑围护结构改造以及主要的室内修整，那么该项目可以选择这一体系进行认证。

LEED BD+C: 核心与外壳

标准书面表达

LEED BD+C:核心与外壳
LEED BD+C:Core and Shell Development

体系解读

这一体系经常被简称为LEED CS，但这并不是官方标准用法，在对外宣传中，标准虽然仍然是LEED BD+C：核心与外壳（中文）LEED BD+C:Core and Shel Develbpment(英文)。这一体系主要适用于涉及整个项目的核心与外壳的设计和施工（核心与外壳是指外围护结构、内部核心机电、管道和消防系统），但还没有完成内部装修的新建或重大改造项目，如前所述，认证时项目已完工建筑面积少于60%的项目可以选择这一体系。

LEED BD+C: 数据中心

标准书面表达

LEED BD+C:数据中心
LEED BD+C:Data Centers

体系解读

专为满足高密度计算设备商设计和设备的建筑项目（比如用于数据储存和处理的服务器机架），这类建筑可以用LEED BD+C:数据中心体系，该体系适用于占据整栋建筑面积60%以上的数据中心项目。

LEED BD+C: 仓储和物流中心

LEED BD+C:仓储和物流中心
LEED BD+C:Warehouse and Distribution Centers

专为存放货物、制成品、商品、原材料或个人物品的项目（比如自用仓库）。这类建筑可以应用LEED BD+C:仓储和物流这一体系。

LEED BD+C: 零售

标准书面表达

LEED BD+C:零售
LEED BD+C:Retail

体系解读

用于进行消费品零售的建筑项目，既包括直接客户服务区域（展厅），也包括支持客户服务的准备区或存储区域，这类建筑项目可以应用LEED BD+C:零售这一体系。

LEED BD+C: 酒店

标准书面表达

LEED BD+C:酒店
LEED BD+C:Hospitality

体系解读

建筑项目是酒店、宾馆、旅馆，或其他以提供过渡性或短期住宿（无论是否包括餐饮）为主要业务的业态，可以应用LEED BD+C:酒店这一体系。

LEED BD+C: 医院

标准书面表达

LEED BD+C:医院
LEED BD+C:Healthcare

体系解读

7×24小时提供不同新医疗服务的医院建筑项目（包括急诊和长期护理的住院治疗），可以应用LEED BD+C:医院这一体系。

LEED BD+C: 学校

标准书面表达

LEED BD+C:学校
LEED BD+C:Schools

体系解读

主要适用于以中小学教育为用途的核心和辅助空间组成的建筑项目。同时，LEED BD+C:学校也可以被应用于校园内的高等教育或非学术使用建筑。

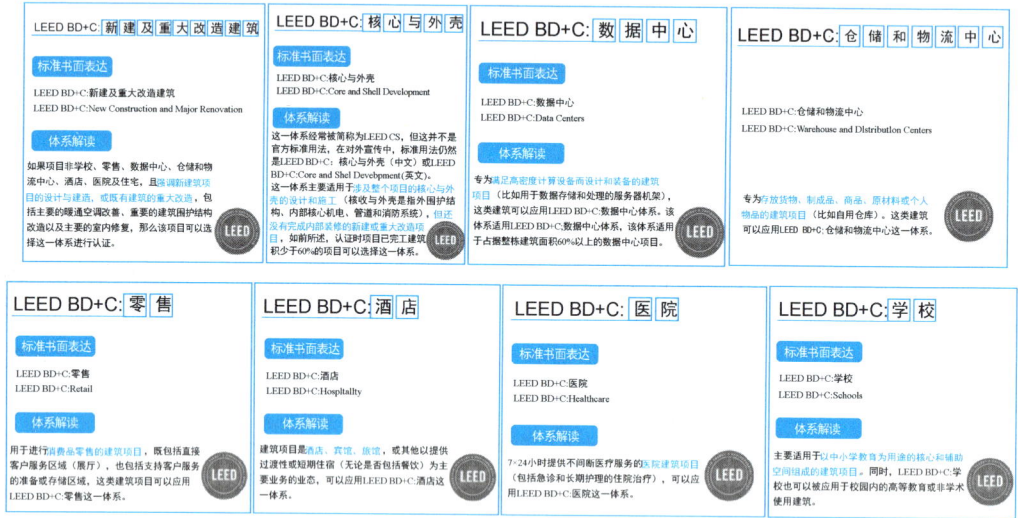

图 3-9　LEED BD+C 体系

10 分，认证等级分数也相应统一，LEED 认证级需要得到 40～49 分，银级 50～59 分，金级 60～79 分，铂金级至少 80 分。

　　LEED 标准 V4 版本的评价定级整体沿用了 LEED 标准 2009 版本的设定，只有 1 处细节不同。LEED 标准 V4 版本虽然总分是 110 分，但大类总分是 109 分，另有 1 分并不包含在任何一个大类中，而是来自 LEED 标准 V4 版本新增的、单独列出的得分点——整合过程（Integrative Process）整合过程得分点设定参考了美国国家标准可持续建筑和社区设计施工指南（ANSI Consensus National standard Guide 2.0），鼓励从绿色建筑项目的初期开始，寻求不同专业之间的协同，其评价内容主要包括：场地评估、能耗模型分析、照明和热舒适性分析、用水预算与再生水系统、运营计划等。整合过程得分点是针对绿色策略的推行滞后、多方面协调不全，导致技术效果或整体效果不佳的问题提出的，倡导绿色建筑项目团队从规划设计阶段就开展全过程的多专业团队协作。整合过程目前主要针对用能、用水系统，其实行有利于绿色建筑设计与施工的统一，也能对保证运行效果有所帮助。整合过程得分点具有很强的综合性，反映了建筑设计方法与管理方法的理念进步，在 LEED 标准 V4 版本中列在所有条文的最前面，凸显其重要性。不过，该条文独立设置的方式在一定程度上影响了标准框架的简洁性，并且在实际推行中控制难度较高，因此需要密切跟踪实践效果收集反馈意见，也可以考虑用其他方式来强调，例如列在创新大类而给予更高分值。

　　LEED 标准在编制时对得分点条文赋予的不同分值，取决于该得分点解决绿色建筑面对的各种问题的能力，即影响分类，LEED 标准给予能够为气候改变、室内环境质量、资源枯竭、人类健康等带来潜在益处的策略更高的分数。在这一思路的基础上，LEED 标准设置了评价指标大类，由每个大类的总分值反映了隐含权重。在 LEED 标准修订时，为了保证总分不变，任何得分点条文的增加、删除、合并、修改等修订都需要在分值上重新分配，指标大类的隐含权重也会产生一定的变化。总的来说，LEED 标准 V4 版本的大类权重设定延续了之前的思路。其中，创新和地域优先大类的分值保持不变。LEED 标准 2009 版本可持续场址大类的分值（26 分）在 LEED 标准 V4 版本分配给了选址与交通大类（16 分）和可持续场址大类（10 分），其他的大类分值的变化在 1～2 分。根据大类分值统计进行隐含权重的比较，可以直观地展示 LEED 标准 V4 版本的权重变化情况（图 3-10）。

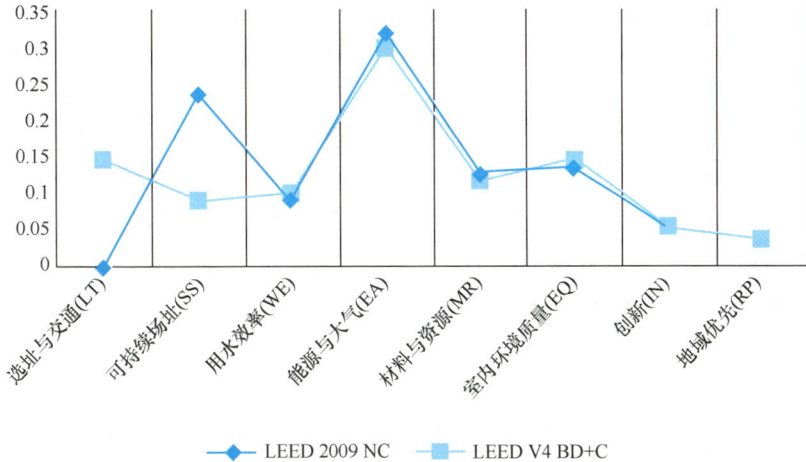

图 3-10 LEED 09 版和 V4 版各项权重关系

在 LEED 标准 2009 版本中，能源与大气第一，可持续场址第二，室内环境质量第三且数值相对较低。LEED 标准 V4 版本将可持续场址大类拆分后，能源与大气大类权重第一；权重并列第二的是选址与交通和室内环境质量大类，但只占能源与大气大类的一半左右；其他大类的权重相对接近。LEED 标准 V4 版本的隐含权重延续了 LEED 标准 2009 版本的影响分类思路，对绿色建筑的要求在节能减排方面最突出，其次关注室内环境，这反映了绿色建筑发展的两个主要动力，即节能与舒适；并且，建筑的选址与交通因素会在很大程度上直接影响其环境、经济、社会的可持续性，因此选址与交通大类的隐含权重排到第二位。

3.5.2 英国

英国 BREEAM 认证体系是世界上第一个绿色建筑评估体系，由英国建筑科学研究院（Building Research Establishment，BRE）于 1990 年制定，每年 8 月更新一次。BREEAM 认证在全球 50 多个国家被采用。自 1990 年以来，全球共有来自 83 个国家的 2278896 栋建筑注册了 BREEAM 认证，其中 568621 栋建筑获得了 BREEAM 认证。

1990 年第一个推出的是 BREEAM 1/90 版本，主要评价新建办公建筑。随后，BRE EAM 接着推出了 2/91 版本（主要评价新建超级市场）、3/91 版本（主要评价新建住宅）、4/93 版本（主要评价现有办公建筑）、5/93 版本（主要评价新建工业建筑），这些都属于 BREEAM 早期版本，没有设置独立的权重系统，评价对象主要为新建建筑，早期的评价内容分三类。第一类，全球环境影响：酸雨、臭氧消耗，自然资源和再生材料，再生材料的储藏。第二类，当地环境影响：水资源，土地使用，场地的生态价值，交通问题。第三类，室内环境影响：室内空气质量，通风，被动吸烟，湿度，有害材料，人工照明/天然采光，热舒适度，健康建筑指标。BREEAM 评价体系在推出到 BREEAM98 版本时，评价体系增加了权重系统，体系框架划分为 4 个性能类别以及 9 个大类评价指标。4 个性能类别是在早期版本 3 个类别上增加了管理类别；9 个大类包括管理、身心健康、能源、交通、水消耗、材料、土地使用、场地生态以及污染。在 BREEAM98 版本之后，BREEAM 定期推出更新版本（适应技术的进步和市场规范的变化），目前最新为 BREEAM-NC2014 版本。2004 年 BREEAM 推出了评价独立住宅的版本——生态住宅（Eco Homes），后来发展为可持续住宅规范（The code for sustainable home），属于强制性的规范，所以 BREEAM 评对象不包括独立住宅。

2021 年，BREEAM 发布了综合白皮书《和 BREEAM 一起重建更美好的未来：全力支持绿色复苏》。该综合白皮书基于 BREEAM 原有框架基础上全新升级，总结了绿色建筑标准新趋势，结合行业深刻洞察，在内容丰富性、专业性、可读性以及行业前瞻性上进行了多处提升和创新；并提出了七大发展方向，奠定下一代 BREEAM 的全新改革升级。

1. 韧性（Resilience）

韧性从最早开始一直都是 BREEAM 标准的一部分，重点放在缓解气候变化和自然资源枯竭，这是与恢复力相关的第一个要素之一。在最近一段时间里，大量的适应性方面的问题被纳入 BREEAM 标准中，以提供气候变化所需的平衡。旨在为自然灾害或气候变化造成的物理风险提供恢复力。BREEAM 鼓励关注向低碳经济转型相关的风险，鼓励评估和减轻相关的技术、政策和法律风险。同时，我们关注到一些与能源效率和低碳或可再生能源的使用有关的转型机会，以及由此产生的成本节约，以及新产品的开发或新市场的准入，这些都应得到评估和最大限度的利用。最新的 BREEAM 标准不仅考虑到我们如何减轻和适应风险，而且还考虑到我们如何更好地进行重建，从而进一步鼓励利益相关者探索社会风险和机遇，包括公共卫生和相关的社会和环境决定因素。

2. 净零碳排放（Net Zero Carbon）

BREEAM 所有系列标准都强烈鼓励碳减排，并制定了与运营和具体绩效相关的灵活基准。此外，BREEAM 的评估方法始终在不断发展和调整，以反映最新的科学和行业思维，并为建筑/资产类型和生命周期阶段量身定制，以更好地支持具有挑战性但可实现的减排。此外，作为 BREEAM 始终致力于整体和协作解决所有重要环境问题的一部分，BREEAM 正在优化零碳排放绩效报告，以直接与其他举措对应。例如，BREEAM 数字平台可以将绩效和评级直接映射到路径和碳减排轨迹上，以更好地管理资产和更广泛的投资组合，并设计有效的干预策略。

3. 社会影响（Social Impact）

BREEAM 认识到，当建筑环境不可持续、低效、不安全、不健康且不具韧性时，低收入和边缘化社区将受到不成比例的负面社会影响。BREEAM 在制定世界各地建筑环境决策方面所起的重要作用，旨在制定标准，积极鼓励积极的社会影响，为人们提供普遍和平等的机会、尊严和公平待遇，同时解决和减轻环境影响。BREEAM 对社会公平的建筑环境的愿景不仅仅是迎合目标，而是有意识地促进长期经济增长、健康和福利、人民和社区的复原力和凝聚力。

4. 自然环境（Natural Environment）

突发性公共卫生事件让人们强烈体会到了自然空间所提供的深刻价值，这些自然空间可作为联系，振兴和激发灵感的场所。BREEAM 提供了一条有意义且不断发展的途径，将其作为开发和管理的一部分进行生态保护，减缓和恢复，通过补充行业的良好做法，生物多样性的恢复方法并提供独立保证的附加好处。在应对气候危机的同时，全面推进生态保护与恢复，也能给人与自然带来多重利益。BREEAM 的方法学认可了以自然为基础的解决方案的价值，即通过支持动植物群，同时提供有助于健康和帮助人们及其社区繁荣的功能。

5. 健康（Health）

自从 BREEAM 标准作为全球第一个绿色建筑标准于 1990 年发布以来，改善室内空气质量和居住者健康一直是一个主要目标。多年来，其所涵盖的绩效指标的范围也在不断扩大，包括以下直接相关的指标：空气质量、视觉舒适度和热舒适性、积极健康的生活方式、生态增强和接近户外、资产和现场管理等。

6. 循环经济（Circular Economy）

BREEAM 作为建筑和房地产行业循环经济的有力推动者。与可持续物质资源利用相关的循环经济原则将通过 BREEAM 提供的一系列方案的一系列信用进行奖励。这包括：生命周期评估、生命周期成本和使用寿命规划、设计耐用性和弹性、材料效率性能、建筑和运营废物表现、针对拆卸和适应性设计、维护资源库存等。随着标准的更新，BREEAM 将继续审查纳入循环经济原则，通过重新思考当前的范例，激发建筑环境以更好地重建建筑。

7. 品质和全生命周期性能（Quality and Whole Life Performance）

为了促进零缺陷、绩效驱动的文化，需要在生产方面进一步变革，即利用智能制造的进步和质量管理的革命性流程。BREEAM 鼓励在设计、施工、调试和交付维护方面采用可持续的管理实践，奖励计划中的移交和调试过程，以反映建筑住户的需求，并通过在使用的第一年向建筑物所有者和居住者提供售后服务。BREEAM 体系鼓励在资产的整个生命周期内采取可持续的管理做法，确保技术和非技术建筑运营商和用户在如何帮助实现可持续性能最大化方面有适当的指导。通过为非技术性建筑用户提供适当的指导，促进结构化的反馈，使管理人员和建筑居民了解如何更好地运营建筑，鼓励最佳做法的建筑维护和最佳的环境管理规定，从而实现这一目标。

至 2021 年为止，英国 BREEAM 在全世界各国已经发展 30 余年（图 3-11）。在基本上不改变其大类指标"管理""健康与福祉""能量""运输""水""材料""浪费""土地与生态""污染"和"创新"的基础上，针对不同建筑类型及阶段推出了不同的标准工具。BREEAM 标准一直致力于减少建筑能耗和碳排放的相关事宜，并且随着时间的发展，英国对于减碳越来越重视，因此更好的方法也在逐渐更新在不同版本中以响应时代的发展。英国 BREEAM 共有 5 个阶段的版本更新。目前，最新的是英国 BREE-AM-2018 版本。

2021 年，BREEAM 新建建筑更新至最新的 V6 版本，该版本可在设计和施工阶段评估新建的非住宅建筑对环境寿命周期的影响，相比于 2014 版本有很大进步。同一年，

类型			1990	1998	2008	2009	2010	2011	2012	2013	2014	2015	2016	2017	2018	2019	2020	2021	…
本土版	新建建筑		1990	1998	2008			2011			2014				2018				
	社区					2009			2012					SD 202-1.2					
	运营建筑					2009						2015				V6			
	翻新和装修								2012		2014								
	基础设施	CEEQUAL										2015					V6		
	家庭质量标志	HaM Beta										2015							
		HaM One											2016		2018				
国际版	新建建筑				欧洲		2010			2013			2016						
	社区								2012					SD 202-1.2					
	运营建筑											2015	US 2016			V6	US V6		
	翻新和装修											2015							
BREEAM的五个版本			BREEAM—1990版本和1998版本时间段		BREEAM—2008版本时间段			BREEAM—2011版本时间段			BREEAM—2014版本时间段				BREEAM—2018版本时间段				

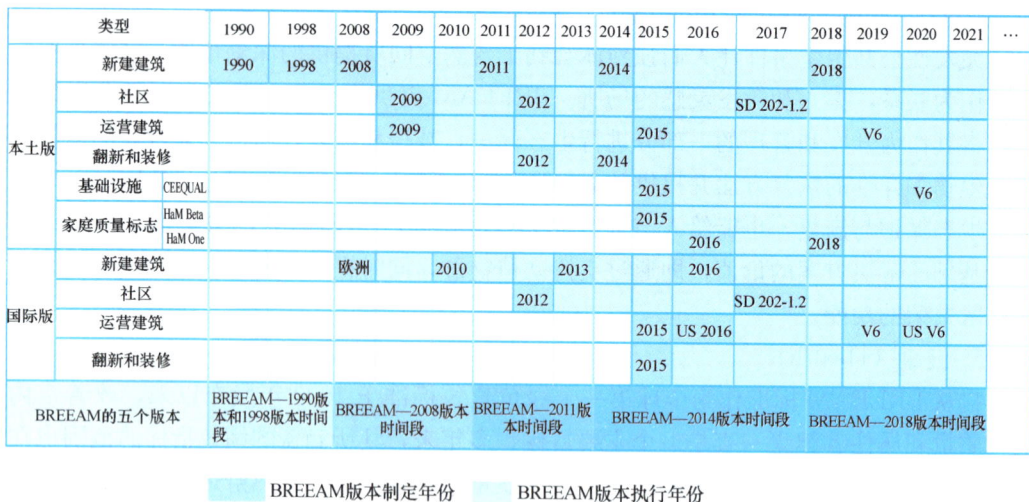

图 3-11　BREEAM 不同版本的适用范围

BRE 旗下的 HQM One 更新至 2018 版本。2019 年，英国 BREEAM 运营建筑更新至 V6 版本并推出其国际版 V6（国际版包含商业和住宅）。2020 年，英国 BREEAM 运营建筑美国更新至 V6 版本（美国版包含商业和住宅）。英国 BREEAM-2018 版本体系下的标准工具并未完全更新完毕，但是根据其以往的更新规律，每个版本首先都会先更新新建建筑的版本，然后更新该版本下的其他标准工具。新建建筑是所有标准工具的先驱者，最新的方法总是会在新建建筑的更新版本中体现，然后再逐渐的使用在其他标准工具中，因此英国 BREEAM 新建建筑 2018 版本一定程度上是可以代表 2018 版本这个体系来进行研究的。在新建建筑 2018 版本中大类指标"能源"占所有类别的最大比重。其中，"Ene 01 减少能源使用和碳排放"是该大类指标的重要组成部分。"Ene 01"鼓励节能建筑的设计和运行能耗的精确建模。并且，在其中引入了一种计算"Ene 01"的替代方法。

2019 年 6 月，英国成为第一个制定净零排放目标的 G20 国家，并提出了在 2050 年前实现这一目标的立法。这与世界气候变化委员会（World GBC）在 2050 年实现净零碳建筑环境的目标相一致。为了支持这一目标，英国政府发起了一项广泛的推进零碳工作计划，并发布了《净零碳建筑物：框架定义》（*Net Zero Carbon Buildings*：*A Framework Definition*），以明确零碳建筑对英国建筑的意义。英国 BREEAM 新建建筑 2018 版本的方法与零碳议程及框架内容一致性较高，并给予积分奖励以鼓励建筑追求零碳的设计性能。

3.5.3　澳大利亚

绿色之星（Green Star）于 2002 年成立，是由澳大利亚绿色建筑委员会（Green Building Councilog Australia，GBCA）开发并推广的绿色建筑评价体系，是澳大利亚第一个建筑环境性能的综合性评价体系，是澳大利亚国家级的非营利组织，也是该国唯一得到地产建筑业和政府支持的行业协会。它的目标是推广绿色建筑项目、研发绿色建筑新技术、设计原则与操作，促进可持续发展和房地产行业的转型。Green Star 是借鉴英国 BREEAM 体系和美国 LEED 体系，建立的适合澳大利亚市场以及环境的独立环境测量标准。在澳大利亚，经过 Green Star 认证的建筑面积已超过 400 万 m^2，注册申请的建筑面积达到 800 万 m^2。

2003 年，GBCA 推出了"Green Star"环境评级体系。建筑项目通过使用"Green Star"评级工具，可减少建筑物对环境的影响，同时提供有利于用户健康的室内居住环境，并节约建造成本。

Green Star 的评价对象涵盖多种建筑类型，有办公建筑、宾馆、零售中心、教育设施、工业建筑、医疗建筑以及多单元住宅等，同时涵盖了项目选址、设计、施工和运营维护等项目全生命周期阶段。目前，Green Star v3.0 版本评价内容共包括 9 方面，分别为管理、室内环境质量、能源、交通、水资源、材料、生态与土地利用、气体排放，另外为了鼓励绿色建筑创新和促进绿色建筑的可持续发展，设置了奖励性质的创新指标。

3.5.4 德国

德国可持续性建筑委员会（Deutsche Gütesiegel für Nachhaltiges Bauen，DGNB）是一个非营利组织，自 2007 年创建以来已经发展成为拥有超过 1200 个会员的专业组织，其会员来自建筑和房地产业的各个领域。为了将自己打造成可持续性建筑领域中的中央技术支持平台，DGNB 发展出了一套以评价和优化建筑物及城区的环保性、节能性、经济性和使用舒适性等为目标的评价系统——DGNB建筑可持续性评价系统。DGNB 体系自问世以来，通过对系统不断地改进和扩充，由最初针对办公建筑的单一评价系统，逐渐发展成为能够对办公、商业、工业、学校和医疗等在内的现今大多数类型的单个建筑、建筑群以及城区进行评级的综合性评级体系。

在 DGNB 的指引下，德国政府推出诸多的建筑节能法规、激励政策和市场金融工具，使绿色建筑的认证市场迅速发展：统计 DGNB 官网数据，截至 2020 年 12 月底，全球通过 DGNB 预认证及认证的项目总计 1932 个，其中 1722 个项目位于德国；2009—2019 年，全球 26 个国家和城市街区开展了 DGNB 认证，德国境内通过认证的项目总计 1530 个，德国境外通过认证的项目总计 192 个（图 3-12）。

德国认证绿色建筑市场分为两个时期：2009—2013 年认证缓慢增长阶段和 2014—2019 年认证大幅增长阶段。

1. 2009—2013 年

德国认证绿色建筑数量缓慢增长。2009 年，德国政府发布《促进建筑物节能的法案》第三版，此版本为所有新建的住宅和非住宅建筑设定了新强制性的最低节能标准；同一年，德国开发银行为绿色住宅建筑提供财政资金支持；2010 年，德国政府又颁布《可再生能源法》，从法律层面要求使用可再生能源。德国政府采取的广泛措施对绿色建筑的认证起到一定的帮助，2009—2013 年，德国获得 DGNB 认证的绿色建筑数量从每年 43 个增加到 131 个。但其法规、资金激励、政策的主要目的是提升建筑节能率，再加上 DGNB-2008 版身为初始版本存在一定不成熟性，使政府政策与基于标准的认证目

图 3-12　德国内外认证 DGNB 建筑统计表

的有所出入。因此出现了依赖市场监管和自我调节的现象。并未给认证数量带来更多的增长，2013 年下跌至 107 个。

2. 2014—2019 年

德国认证绿色建筑数量大幅增长。2014 年，《可再生能源法》进行大幅修订，要求新建筑符合规范中的节能要求，而旧建筑的改造则通过市场激励计划补贴；2015 年，联邦环境、自然保护、建筑和核安全部发布《可持续建筑指南》，强制性规定德国大部分城市街区的新建建筑符合 DGNB 绿色建筑要求，同时德国开发银行通过低息贷款和投资补贴为认证 DGNB 的住宅建筑、社会基础设施建筑、商业非住宅建筑和部分个人改造的住宅建筑提供财政支持；2016 年，《能源节约法》进行重新修订，为鼓励业主建造绿色建筑，德国地方政府给地方项目提供额外的激励措施。2014—2019 年，德国政府颁布的强制执行建筑节能标准、法规、银行激励措施与 DGNB 有机的结合，推动了绿色建筑认证数量的增长。此外，将 DGNB 不同更新版本与每年认证项目数量与进行对应统计，发现 2014 版和 2018 版的修订使认证数量大量增长，特别是在 2018 版全面应用后的 2019 年和 2020 年，DGNB 每年的认证数量分别为 233 个和 306 个。

碳中和背景下，德国 DGNB 新建建筑的评价工具更新到 2018 版本，建筑的认证类型增至 9 类。同年，推出认证室内装饰的评价工具。2020 年，推出针对国际版本、运营中的建筑物、社区（适用于城市区、办公商业区、工业区、活动区）和拆除建筑的评价工具。目前，德国 DGNB-2018 版本共包含 6 个标准。其中，德国 DGNB 拆除建筑 2020 版的评价对象及建筑阶段较为特殊，针对旧建筑的拆除、建筑构件回收及建筑垃圾的处理。在德国 DGNB-2018 版本中最为重视对于碳中和建筑与区域的建设，提出一个用于确定建筑性能对排放影响的框架，弥补了当前的标准实践和规范要求忽略了与用户相关的能源使用，从而错过了潜在排放的主要部分的情况。该框架描述了计算建筑物当前和未来排放等规则。这些部分描述了如何计算碳平衡，建立了碳中和建筑运行的具体路线图，展示了该建筑未来的预期碳性能，以及实现碳中和年度平衡的路径，还确定了建筑碳性能的计算方法、碳条文规则和碳管理规则。

综上所述，德国 DGNB 在不同版本的更新过程中呈现出规律性，具体分为两点：

1）德国 DGNB 根据新建建筑版本延伸开发其他评估工具：自德国 DGNB 首次推出起，每隔 1～2 年，标准的研究者都会在新建建筑版本的基础上去开发针对特殊建筑类型、区域、室内装饰或国际版本的评估工具；

2）德国 DGNB 根据前一阶段反馈修订最新的新建建筑版本：在上轮评估工具都更新完毕后，标准的研究者会根据绿色建筑的发展理念、实践过程和反馈结果归纳德国 DGNB 存在的不足。然后，结合归纳内容对德国 DGNB 体系下的新建建筑评价工具进行重新修订。上述两点规律形成一个闭环，以促进德国 DGNB 体系的持续更新。

德国 DGNB-2018 版本在目前正在使用的标准工具中占据主导地位。德国 DGNB 正在使用的标准评价工具有本土版和国际版，分为新建建筑、既有建筑、室内装饰、城市街区四种标准类型，包含 13 部专项评价标准，其中 6 部专项评价标准归属于德国 DGNB-2018 版本（图 3-13）。

图 3-13 DGNB 的版本更迭情况概览

3.5.5 日本

CASBEE（建筑环境效率综合评价体系）的开发始于 2000 年，由日本学术界、企业家和政府三个方面联合组成。2002 年 CASBEE 完成了最早的评价工具 CASBEE-事务所版、2003 年 7 月 CASBEE-新建、2004 年 7 月 CASBEE-既有、2005 年 7 月 CASBEE-改造。2006 年 7 月出版 CASBEE-街区建设，2007 年 9 月公布 CASBEE-宅（独户独栋）。2009 年 4 月 1 日对其名称做了相应的变更，从"建筑物综合环境性能评价体系"更名为"建筑环境综合性能评价体系"。截至目前，先后颁布了针对既有建筑、改建建筑、新建独立式住宅、城市规划、学校，以及热岛效应、房产评估的评价标准，以及 CASBEE 城市版全球使用的试点版本，被广泛地应用于许多建筑公司、设计事务所、房地产开发商等。

通过日益增长的需求，2011 年 12 月 24 日，日本地方政府纷纷推出自己的环境措施，鼓励绿色建筑 CASBEE 体系，并要求业主在建设前报告 CASBEE 的评估结果。CASBEE 因其清晰的概念而受到认可，引起了政府机构、行业和学术界的强烈兴趣。这促使工具进一步多样化，允许评估各种建筑类型、端点和目标。据日本可持续建筑联盟介绍，截至 2011 年 12 月日本可持续建筑联盟向当地政府提交的报告已经超过 6600 份，并于 2015 年开始发布全球使用的试点版本。

CASBEE 通过五个等级来评价建设环境，CASBEE 是 Comprehensive Assessment System for Building Environmental Efficiency 的缩写，意思为：建筑环境效率的综合评价系统。CASBEE 是评价和划分建筑环境性能等级的一种方法，它有 5 个不同等级：优秀（S）；很好（A）；好（B＋）；比较差（B－）；差（C）。CASBEE 从 2002 年开发评估办公室建筑工具到现在已经拥有很多种工具包括新建建筑、既有建筑、短期使用建筑、改修建筑、城市建筑、社区建筑和热岛现象对策等。CASBEE 引入 "假想空间""建筑物环境效益（Building Environmental Efficiency，简称 BEE）" 概念，进行独特的评估。CASBEE 拓展和完善是基于以下三个概念：

1）CASBEE 为评价建筑而设计，因此需要适应建筑生命周期的不同阶段；

2）基于将建筑环境负荷和建筑环境质量性能清晰区分开，并作为主要的评价目标；

3）为了使评估过程更加明朗，CASBEE 引用了 BEE 概念，并用于表达建筑环境评价的所有结果。

CASBEE 在不断发展的建筑环境评估理论和实践中发挥了独特的作用与贡献，主要是在相对于其他主要系统的结构和操作特征方面。绿色建筑评估系统主要针对改善室内环境质量和 "减少伤害" 的双重目标，或者说，减少人类活动对生态系统健康性和完整性的退化后果。它们的范围和结构代表了开发商对这些环境绩效问题的理解和优先级，并且显然受到许多独特的文化和能力考虑的影响。评估方法的发展主要是由绩效标准的范围和结构推动的，虽然人们普遍认为，环境标准的组织方式必须促进有意义的对话和应用。但在业绩评价的输出过程中，评价方法内标准的结构可能是最重要的，因为必须以连贯和信息丰富的方式向各种不同的接受者讲述业绩的 "故事"。

根据 CASBEE 的官方报告，未来 CASBEE 将根据新兴趋势塑造未来的设计、演绎与评估工具：

1. 自愿性和强制性机制

现行的 "绿色" 环境评估方法大多是自愿性的，其主要目的是刺激市场对改善环境性能的建筑物的需求。事实上，目前对现行评估方法的 "接受" 主要是由于它们的自愿应用。然而，现有方法的自愿性质大大损害了它们的全面性和严谨性。越来越多地规定了更高的环境绩效要求，这使人们对自愿评价方法必须纳入更广泛的机制以创造必要变革的方式产生疑问。因此，建立环境评价方法和其他改革手段之间的关系，包括管制和奖励，可能会变得更加重要。

2. 区域化

日本存在着广泛的区域差异，因此在力求充分采用单一框架时面临许多挑战。目前，根据行政区域采用该系统的意愿，CASBEE 正在被纳入政府计划。允许每个地区当局在 CASBEE 范围内作出当地决定的调整，从而确保在区域和国家一级的优先事项之间取得平衡。

3. 多种认证

虽然建筑业主一直在努力实现其国家评估系统提供的最高水平的性能（例如，北美的 LEED 白金级，英国的 BREEAM 杰出级，日本的 CASBEE "S" 级或澳大利亚的 6 星），但一种新的现象正在出现，特别是在几个亚洲国家。实现"双白金"或"三白金"的概念，即业主让他们的建筑物同时接受国内系统和一两个其他系统的评估，其中一个通常是国际"品牌"。

第 **4** 章

关 键 技 术

4.1　绿色低碳建筑的核心思想

在我国《绿色建筑评价标准》GB/T 50378—2019 的总则中，明确了绿色建筑中的基本要求，应遵循因地制宜的原则，结合建筑所在地域的气候、环境、资源、经济和文化等特点，对建筑全寿命期内的安全耐久、健康舒适、生活便利、资源节约、环境宜居等性能进行综合评价；应结合地形地貌进行场地设计与建筑布局，且建筑布局应与场地的气候条件和地理环境相适应，并应对场地的风环境、光环境、热环境、声环境等加以组织和利用。这是实现绿色建筑的根本要求，也是项目在组织策划阶段应该明确的基本原则和目标。

合理的绿色建筑，应该是通过策划组织、分析设计、系统运维的优化，实现项目投资的最优化，这其中需要综合考虑场地、资源的最优化应用，协调关联技术、材料、设备的技术经济分析，同时还要考虑运维管理需求与设计的一致性，最终形成一个合理的性能优化有保障的项目。

4.1.1　因地制宜

中国幅员辽阔，地形复杂，由于地理纬度、地势条件等的不同，各地气候相差悬殊。因此针对不同的气候条件，各地建筑的节能设计都有对应不同的做法。为了明确建筑与气候的关系，我国《民用建筑设计统一标准》GB 50352 将中国划分为了 7 个主气候区、20 个子气候区，并对各个子气候区的建筑设计提出了不同的要求，例如传统建筑如南方山地的吊脚楼、黄土高原地区的窑洞、华北地区的四合院等，人们通过就地取材、综合考虑当地的气候因素，以较小的代价建造出适应当地气候的特色建筑。合理的建筑规划设计，气象参数的选取至关重要，往往受到场地及周边环境特征的影响。在条件许可时，应进行场地微气候环境的实测，并依据实测，通过测试数据指导建筑布局和场地环境营造，分析城市气象参数在场地环境中的变化。

1. 气象数据的合理选用

根据研究发现，即使处于同一地区、同一城市，由于所处的位置不同，城市尺度和局部的气象数据存在一定的差异。以重庆为例，城市尺度上主导风向以西北偏北风为主，而局地小气候上则以西风为主；城市尺度和局部气象数据温度最大温差达 3.9℃。以城市气候与微气候为边界条件进行自然通风模拟分析时，结果将存在显著差异，不同局部地区风速差异最大可达 51%；由此带来的朝向、窗墙比的差异可导致通风效果差别分别达到 66% 和 400%。在通常的设计中，往往是从城市尺度进行思考，但落足到高质量绿色建筑，我们应该更细微的考虑它的特征。例如，对于坡地建筑，怎样进行布局、朝向优化，达到更好的通风、采光和遮阳效果；架空如何设置以改善场地的风环境、改善活动场地；怎样利用复层绿化，控制热岛效应。

2. 建筑布局对室内环境的影响

从建筑设计的角度，被动式策略通过合理设计建筑场地、布局和形体来适应气候，兼顾能耗和舒适的平衡。建筑的气候适应性包含气候、建筑、人之间的动态联系，功能布局与人的行为模式和建筑形体密切相关，自然室内环境和人员使用模式共同影响实际的运行能耗。已有研究发现，通过优化室内人员工作位置，可以降低 5%～6% 的照明能耗，且不同的住宅平面布局可能导致 17%～35% 的热性能差异。在建筑形体确定的情况下，室内空间的朝向、开窗通风、空间功能等方面的差异，会带来不同的室内环境品质。各功能空间对室内环境质量的要求也存在差异，卫生间、走廊等辅助空间要求较低，办公室等人员长期停留的空间要求较高，高性能办公室则提出了更高的要求，例如研究办公室可以接受比行政办公室更高的温度。因此，建筑布局需要综合考虑环境条件和使用需求，两者的匹配是提高建筑气候适应性的关键。

4.1.2 安全耐久

安全是绿色建筑质量的基础和保障。绿色建筑的安全以人为本，区别于以物作为考虑对象的安全理念。建筑使用安全作为社会关注度高、群众感知性强的核心问题，需要特别强调预防性与前置性的安全考量。因此，安全耐久章节设置为《绿色建筑评价标准》第 1 章，说明该部分的基础性地位，更彰显其在绿色建筑发展中的战略价值。安全耐久，首先是场地安全与诊断识别，这是一个基本的问题。绿色建筑首先要选址正确，对场地中不利地段或潜在危险源应采取必要的避让、防护或控制、治理等措施，对场地中存在的有毒有害物质应采取有效的治理措施进行无害化处理，确保符合各项安全标准。若选址错误，在生态保护区、湿地公园建一个绿色零能耗的建筑，无论再节能、节水，也违背了绿色建筑的本源。

1. 主体结构

主体结构方案应从抗震概念设计的角度出发，采用基于性能的抗震设计，重视结构的抗震性和安全性。选择建筑场地时，尽可能采用对抗震有利的场地，避免采用对抗震不利的场地，同时避免滑坡、泥石流等地质灾害频发地带；明确建筑形体，保证规则性，按照国家规范标准的要求，对不规则的建筑采取加强措施；不应采用严重不规则的建筑方案。根据绿色建筑星级确定需要提高的抗震性能指标要求，优先采用减震隔震技术，减少主体结构对地震作用的反应。既可以保证建筑安全耐久，又可以减少资源消耗。

2. 结构布置

结构布置方案应有利于提升建筑的适变性，可以较灵活地配合建筑平面布置的变化，设计中充分利用建筑方案和结构布置的潜力，适应后期业主对建筑使用空间和功能改造的需求。例如，采用大开间、大进深结构布置方案，灵活布置内隔墙等措施，减少使用空间重新布置时造成的破坏，延长建筑使用寿命。结构设计荷载取值可适当提高，以满足后期建筑使用功能变化的要求。

3. 结构材料选取

鼓励采用当地生产的材料，其占比应超过 60%，有利于减少建筑材料跨地区运输产生的碳排放、降低环境污染，减少运输过程中燃油消耗和建筑材料损伤。采用预拌混凝土和预拌砂浆作为材料供应，以减少现场作业量，从而降低噪声强度。选择耐久性好的材料。混凝土结构设计时，可以 根据结构所处的环境，控制混凝土的水胶比、氯离子及碱含量，通过提高混凝土强度等级，增加钢筋保护层厚度、加入耐久性掺和料等方法提高材料耐久性；钢结构设计时，可以根据结构所处的环境，选择高耐腐蚀性能的钢材，并在施工后及时采取喷涂表面防护层等防腐蚀措施。合理选用高强度材料，促进结构向轻量、高强方向发展。例如，可以采用强度不小于 400MPa 级的高强度受力钢筋，采用强度不小于 C50 的高强度混凝土，采用强度不小于 Q355 的高强度钢材。

4.1.3　健康舒适

　　绿色建筑设计理念的应用原则之一，是以住户为中心的环境营造，向住户提供健康舒适的生活条件。建筑应当遵循环境友好的原则，尽量减少对自然环境的破坏，并利用自然资源，多方面保护自然环境，减少污染，减少能源消耗，降低建筑对环境的影响。但同时也需要遵循使用者的实际需求，这就要求住宅建筑设计中需要为使用者创设出良好的宜居环境，以此来提升使用者的生活质量，如舒适的室内生活空间和休闲娱乐的户外社区环境。健康舒适就是指在绿色建筑设计中要满足人们生活、工作和居住环境的舒适性要求，提高生活品质和健康水平，如在住宅建筑设计中增加园林绿化设计，以此来增加建筑物居住环境的美感和舒适度，同时将海绵城市与区域内水系统相结合，在地下室车库顶棚、住宅屋顶进行绿化景观的设计，以此来规避洪水等灾害，同时又能有效地收集雨水。雨水经过集中处理后，可进行二次利用，例如社区公共卫生间的冲洗、社区内的绿化植被的灌溉，甚至可以通过过滤和净化，达到安全使用的标准要求。通过对城市住宅建筑物多次利用，达到良性水文循环，提升资源利用率，节约和保护水资源，以此来改善区域内的温度，缓解热岛效应，改善居住者的生活品质，为构建宜居生态环境起到了促进作用。

4.1.4　生活便利

　　人与建筑的关系是和谐一体的，建筑最终的目的是为人服务，"生活便利"从出行与无障碍、服务设施、智慧运行、运营管理四个方面进行了要求，体现了人对于便利生活方式的需求。其中，"出行与无障碍""服务设施"主要着眼点在于建筑的最终用户，希望能为住宅建筑的住户和公共建筑的使用者提供便利的使用条件。而"智慧运行""运营管理"的着眼点既包括建筑的最终用户，也包括建筑的运营管理维护人员，希望能为这些人群在使用建筑和维持建筑正常运营时提供更加便利的使用条件和高效的工作条件。

　　1. 出行无障碍

　　在室外场地设计中，应对室外场地无障碍路线系统进行合理规划，场地内各主要游憩场所、建筑出入口、服务设施及城市道路之间要形成连贯的无障碍通道，其路线应保证轮椅无障碍通行要求，有高差处应设置无障碍坡地形或轮椅坡道。公共绿地是指《城市居住区规划设计标准》GB 50180—2018 各级生活圈居住区配建的公园绿地及街头小广场，属于城市绿地分类中的社区公园，不包括城市级的大型公园绿地及广场用地，也不包括居住街坊内的绿地。在无障碍系统设计中，场地中的缘石坡道、无障碍出入口、轮椅坡道、无障碍通道、门、楼梯、台阶、扶手等应满足标准中无障碍设施设计的要求，并合理设置通用的无障碍标志和信息系统。

2. 服务设施

公共服务功能设施向社会开放共享的方式也具有多种形式，可以全时开放，也可以根据自身使用情况错时开放。建筑向社会提供开放的公共空间和室外场地，既可增加公共活动空间提高各类设施和场地的使用效率，又可陶冶情操、增进社会交往。例如，文化活动中心、图书馆、体育运动场、体育馆等，通过科学管理错时向社会公众开放，办公建筑的室外场地或公共绿地、停车库等，在非办公时间向周边居民开放会议室等向社会开放。商业建筑的屋顶绿化或室外绿地在非营业时间提供给公众休憩等，鼓励或倡导公共建筑附属的开敞空间错时共享，尽可能提高使用效率，提高这些公共空间的社会贡献率。

3. 智慧运行

智慧运行是绿色建筑实现可持续运营的重要技术支撑体系，通过数字化手段对建筑全周期资源消耗与环境质量进行精准管控。具体包括：1）能源系统方面，设置电、气、热等分类分级计量系统和能源管理系统，实现能耗数据远传、存储、分析及优化运行；2）空气质量方面，配置 PM2.5、PM10、CO_2 监测系统，实时掌握室内环境质量并联动调控设备；3）用水管理方面，建立用水量远传计量系统、漏损检测机制及水质在线监测系统，实现用水安全与节水管理；4）智能服务方面，集成家电控制、安全报警、环境监测等至少 3 类功能，具备远程监控能力并接入智慧城市平台，提升服务便捷性与系统协同性。这些系统通过数据采集、传输、分析与联动控制，构建起建筑运行的"数字孪生"体系，既保障使用者健康舒适，又通过精细化管理实现资源高效利用，最终形成"感知-分析-决策-优化"的智慧运维闭环。

4. 运营管理

运营管理是绿色建筑全生命周期可持续性的核心保障体系，通过系统化的制度建设与动态优化机制实现资源高效利用和用户价值提升。具体包括：1）制度与激励，要求建立节能、节水等设施的操作规程与应急预案，并通过管理考核体系将能耗、水耗与绩效挂钩，形成"制度约束＋正向激励"的管理模式；2）节水管控，以《民用建筑节水设计标准》GB 50555—2010 为基准，通过实际运行数据量化考核建筑日均用水量，按用水定额区间分级评分，推动节水目标从设计标准向运营实效转化；3）运营评估优化，构建"评估-调适-诊断-改进"的闭环体系：制定年度评估计划、建立设备巡检与系统调适档案、开展年度能源诊断并实施优化、定期公示水质检测结果，确保建筑性能随时间推移持续提升；4）绿色文化培育，通过年度绿色教育活动、绿色设施使用手册、用户满意度调查及改进形成"制度＋技术＋人文"的三维管理，既强化使用者的绿色认知，又通过数据反馈驱动服务质量迭代。该体系通过标准化管理流程、智能化监测手段与人性化服务创新，实现建筑运营从"被动合规"向"主动增值"的转变，最终达成资源节约与用户体验的双重提升。

4.1.5 资源节约

现代社会发展中，资源节约型发展社会是未来发展的主要趋势，在建设节约型社会中需要贯彻落实可持续性发展政策，"资源节约"从节地、节能、节水和节材"四节"方面进行了全面要求，加强节能环保技术的运用。

1) 节地是中国绿色建筑"四节一环保"的重要组成部分，在《绿色建筑评价标准》GB/T 50378—2019 提出了三款得分项，分别为节约集约利用土地、合理开发利用地下空间和对项目停车设施方式三项得分要求。关于节约集约利用土地方面，《绿色建筑评价标准》GB/T 50378—2019 针对建筑物对土地的利用率做出评价，根据不同建筑气候分区和住宅楼层划分了人均住宅用地指标得分标准；针对公共建筑提出了容积率得分要求。合理开发利用地下空间，通过对地下空间的使用增大可利用建筑面积达到降低容积率的目的。考虑到中国人口基数大、停车位需求量大的因素，国内绿色建筑建议采用机械式停车、地下停车或停车楼等停车方式，方便用户停车并根据建筑类型对停车数量提出标准。

2) 节能与能源利用小节主要涉及围护结构热工性能、建筑内暖通电气设备用能和可再生能源使用几方面。通过相关设计减少建筑在运营过程的用能以达到降低能耗的目的针对建筑围护结构传热，《绿色建筑评价标准》GB/T 50378—2019 对项目热工性能优化幅度或暖通空调负荷降低幅度做出要求。另外，由于我国地域辽阔涉及多个气候分区，需要按照项目地区所在气候分区相关行业标准进行设计。《绿色建筑评价标准》GB/T 50378—2019 节能的 5 款条文主要对项目内暖通空调等用能用电设备和可再生能源使用设置标准。包括冷热源机组能效提升、降低供暖空调系统末端系统与输送系统能耗等。就本节而言，《绿色建筑评价标准》GB/T 50378—2019 细化各类用能系统，对不同种类的机组、用能用电设备制定节能标准，使项目在绿色建筑运行阶段能分步达成要求。

3) 节水与水资源利用，水资源利用方面与能源小节相似。相关条文如卫生器具用水效率、更节水的绿化灌溉与空调冷却水技术、景观水体的使用和合理使用非传统水源几个方面，利用设备或技术直接达到节约水资源的目的。

4) 节材与绿色建筑材料，项目实施土建装修一体化设计与施工，鼓励项目实施土建装修一体化设计及施工。内容涵盖了结构材料与构建、工业化内装部品与可循环材料几个方面，需要充分考虑项目空间使用和装修装饰等方面。合理选用建筑结构与材料构件，使用绿色建筑材料。《绿色建筑评价标准》GB/T 50378—2019 通过对建筑结构材料的合理选用以减少构件尺寸和材料用量，可达到减轻结构质量和减小地震作用等功能。另外，《绿色建筑评价标准》GB/T 50378—2019 为加快绿色建筑材料的推广使用，推出了《绿色建材评价标识管理办法》，规范绿色建筑材料的使用比例，减少自然资源的消耗并减轻对环境的影响。选用工业化内部装饰品，使用工业化内部装修部品如整体卫浴、装配式吊顶等部件。选用可循环、再利用材料及利废建筑材料，使用建筑材料循环利用，达到节约材料资源的目的。在建筑中使用可循环材料或可再利用建筑材料，可以直接减少加工新材料带来的资源浪费、能源消耗和环境污染。部分项目更能满足利废建筑材料，变废为宝，将原来的建筑废弃物、工业废料等材料进行再利用，以节约资源。

4.1.6 环境宜居

人居住在建筑中，往往同时受到室内外环境的综合影响，对于环境的感知与判断，本质上是一个整体性的感受；而建筑围护结构与设备系统作为室内外环境交互的媒介，使得室外环境中的声学特性、大气质量、日照条件及空气流动等要素能够通过物理界面与技术系统对室内微环境产生显著作用。

因此，环境宜居的实现不仅依赖于室内环境参数的精准调控，更需通过场地生态系统的整体优化设计，构建人与自然的共生关系。在生态保护方面，需优先保留并修复场地内原有的自然水域、湿地及植被，强化场地内外生态系统的连贯性，同时通过表层土回收、生态补偿等手段弥补开发对自然环境的影响，从而为生物多样性提供基础保障。在此基础上，雨水管理成为生态功能的核心环节，需通过下凹式绿地、雨水花园等绿色基础设施实现年径流总量控制率≥70%，结合透水铺装（占比≥50%）和屋顶绿化（覆盖率≥75%）促进雨水的滞蓄与渗透，降低城市内涝风险并提升水资源利用率。绿化设计则需兼顾覆盖率与开放性，形成连续的绿色空间网络。同时，物理环境的优化是提升舒适性的关键：通过噪声控制（≤2类声环境标准）、光污染防控（玻璃幕墙可见光反射比合规、夜景照明垂直照度限值达标）以及风环境调控（冬季防风速度≤5m/s），确保户外活动的健康性与舒适性。针对热岛效应，需通过乔木遮阴（住宅活动区≥50%、公共建筑≥20%）、高反射材料路面和屋顶绿化等措施降低局部温度。此外，功能适配性体现在人性化设计中，如吸烟区的合理布局、垃圾分类设施的协调设置及标识系统的清晰导向，共同营造安全、便利的公共环境。最终，通过生态保护优先、资源高效利用与人文关怀的有机融合，环境宜居目标得以实现，推动可持续发展的城市空间建设。

4.2 绿色低碳建筑的各项技术

4.2.1 建筑信息化

2002年，Autodesk公司首次提出建筑信息模型（Building Information Modeling，BIM）。其核心是通过建立建筑工程三维模型，利用数字化技术，为这个模型提供完整的、与实际情况一致的建筑工程信息库。将BIM技术应用到绿色建筑设计中，有助于提升绿色建筑全生命周期环保与资源集约能力，推动绿色建筑设计整体的转型升级。建筑信息化模型的应用应贯穿全过程，覆盖全专业。建筑信息化模型应用是贯穿在整个建筑工程全生命期内的信息管理与应用过程，只有在整个建设过程和专业领域内进行应用，才能体现出建筑信息技术应用所带来的高效、优化、经济价值。建筑信息化模型至少应包含规划、建筑、结构、给水排水、暖通、电气六大专业相关信息，能实现日照、采光、通风、能耗、碳排放等性能分析协同开展；工程和材料量自动计提；施工过程实现工程进度模拟及工序及工艺模拟等过程监管；运营管理信息提取等功能（图4-1）。为避免建筑信息模型重复建立及出现各阶段信息孤岛，实现BIM模型价值最大化，要求各阶段信息能有效传递至下一阶段，各阶段模型数据无障碍交换和信息共享，保证所含的共享信息的正确性和一致性。

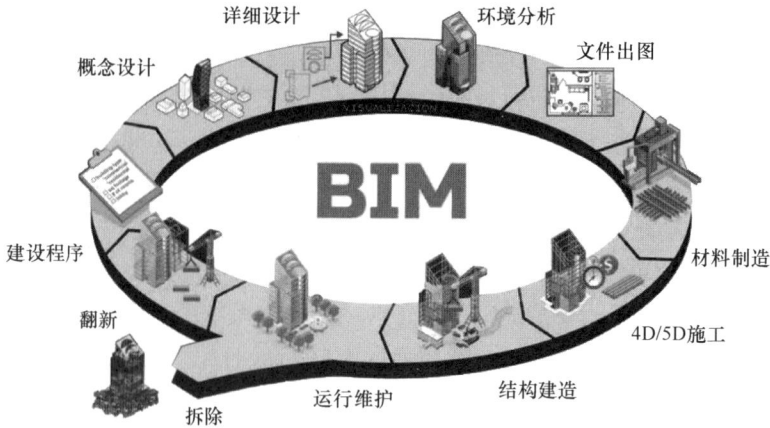

图 4-1　BIM 技术在建筑全生命周期的覆盖范围

1. 建筑性能分析

建筑性能分析是用一个简化的计算机模型来预测原始复杂建筑及系统的行为。最近几十年计算机技术的发展，使得建筑性能分析能够有效结合在整个建筑设计过程中。建筑师可以以参数化概念制作复杂的绿色建筑外壳，并深入评估建筑性能，链接外挂软件支持性能分析（如：能源、计算流体力学 CFD、室内外光环境模拟等），确保绿色建筑设计质量，促成更多建筑性能评估软件的研发。

1）建筑物动态热模拟

主要是运用 BIM 软件强大的分析能力，对建筑物与外部环境之间的能量传递，例如热能、风能等等。基于 BIM 软件建筑设计，建立一个关于建筑物自身的 3D 可视化信息模型，通过对建筑物自身的数据与外部数据的收集进行分析。例如计算太阳对项目整体的辐射，导致建筑结构的导热对项目全年暖通空调设备的能耗，以此为依据制定设计方案与设备选择方案等等。此项功能是建筑节能的重要工具。

2）日光与阴影模拟

通过建立模型，将项目整体与日光及光影的投射效果进行模拟演示。收集天空辐射的部分数据进行分析计算，得以确定某时间段自然观对建筑的影响。可以通过次模拟确定建筑物接收到的室外光的量，以解决建筑项目中房屋朝向等问题。

3）CFD 分析模拟

CFD 即流体动力学。主要被广泛应用在航空、航天中。近些年，由于建筑项目的要求日益增高，该分析技术也被引入建筑业中。通过 BIM 模型的建立，配合相关的 BIM 软件对流动与传热的进行有效的分析与模拟，可以得到空调空间的气流计算、暖通设备的优化以及风力与浮力双重作用的自然通风、排烟通风等数据信息，大大提高设计品质，改善业主居住环境。

4）火灾与疏散分析

现在，处理突发火灾或特殊事件的能力已是对建筑物新的要求。过去，面对火灾或者突发事件，在处理及疏散上往往是指挥不当或者是无从下手。现在，可以通过 BIM

模型将火灾或突发事件导入其中与之关联进行提前预演，及早制定出一套切实可行的方案，做到疏散及时准确，降低人员及财产损失，提高逃生概率。

5）建筑声环境分析

建筑项目在施工期间难免会对周边的环境造成影响，最大的就是交通污染及噪声污染。通过 BIM 模型配合 GIS 系统，了解建筑周边的交通状况，居民小区排布，居民居中情况等，通过 BIM 模型的分析与模拟，可以最大限度地降低噪声对周边的影响，合理安排现场车辆进出入现场，制定施工时间，错开早晚高峰及人群，实现绿色施工。

2. 建筑碳排放计算

《建筑碳排放计算标准》GB/T 51366—2019 适用于新建、扩建和改建的民用建筑的运行、建造及拆除、建筑材料生产及运输阶段的碳排放计算。《建筑碳排放计算标准》GB/T 51366—2019 用以计算建筑物的运行碳排放：根据建筑物的资源使用数据，计算建筑物的运营碳排放量。这包括建筑物的暖通空调、生活热水、照明及电梯、可再生能源、建筑碳汇系统等。综合计算建筑物的碳排放：将以上各项数据综合计算，得出建筑物的总碳排放量。评估建筑物的碳足迹：根据建筑物的总碳排放量，评估建筑物的碳足迹，并分析碳排放量的来源，为减少碳排放提供参考。

4.2.2 结构与建筑工业化

1. 装配式结构体系

随着现代工业技术的发展，建造房屋可以像机器生产那样，成批成套地制造。装配式建筑在 20 世纪初就开始引起人们的兴趣，到 20 世纪 60 年代终于实现。英、法、苏联等国首先作了尝试。由于装配式建筑的建造速度快，而且生产成本较低，迅速在世界各地推广开来。早期的装配式建筑外形比较呆板，千篇一律。后来人们在设计上做了改进，增加了灵活性和多样性，使装配式建筑不仅能够成批建造，而且样式丰富。美国有一种活动住宅，是比较先进的装配式建筑，每个住宅单元就像一辆大型的拖车，只要用特殊的汽车把它拉到现场，再由起重机吊装到地板垫块上和预埋好的水道、电源、电话系统相接，就能使用。活动住宅内部有暖气（建筑用供暖散热器）、浴室、厨房、餐厅、卧室等设施。活动住宅既能独成一个单元，也能互相连接起来。

目前，常见的装配式结构体系有七种，钢筋混凝土板式结构体系、预制空心剪力墙体系、叠合式剪力墙体系、纵肋叠合剪力墙结构、免支模干式连接体系、全螺栓连接技术体系与钢结构住宅体系。这些种类都具备装配式建筑周期短、精度高、免支模的优点，但适用高度、类型、成本有所区别。装配式结构体系的缺点也较为明显。

1）施工工艺的技术性问题：对施工人员的要求上更加严格，渐渐淘汰了许多传统建筑中的水电工、泥工和焊工。需要通过培训之后，掌握了一定的装配性的施工技术，才能共同配合完成施工项目。而如今国内的建筑行业人才市场中，人员没有正规的技术培训支持，缺少相关的技术施工人员。

2）构件运输问题：预制件是在工厂内完成，需要运到现场进行安装。不同于传统的建筑材料，在当地就能完成采购及运输。如果施工工地与工厂有一定距离，就会产生一定的运输成本费用（《装配式混凝土结构技术规程》JGJ 1—2014、《装配式钢结构住宅建筑技术标准》JGJ/T 469—2019)。

　　2. 装配式装修

　　装配式装修是指采用干式工法，将工厂生产的内装部品在装修现场进行组合安装的装修方式。通俗地说，就是把全屋的装修材料，划分成一个个标准化的模块、单元、组件，一块一块地组合，就可以搭建好一个完成的空间，而传统装修可能就是要从自己制作每一块积木开始。

　　装配式装修应用范围日益宽广，正在从局部应用逐渐发展到全体系应用。无论新建还是对既有建筑的改造、居住建筑或公共建筑、混凝土建筑还是钢结构建筑，装配式装修因具有传统装修不可比拟的优势而逐渐被接纳。基于 SI 理念的装配式装修把建筑的结构与内装进行分离，解决传统装修施工质量通病，且具有高精度、高质量、工期短、效率高、干扰小、节能环保等优势，可以提升住宅居住体验，延长建筑物使用寿命，成为传统装修转型升级的必然途径。

　　从装配式装修在新建建筑中的应用来看，新建装配式建筑和新建现浇建筑均可以在新建初期完成建筑结构与装修一体化设计；而装配式建筑结构的建筑产业化手段更有利于与信息化手段相结合，通过 BIM 等信息化手段，实现一体化设计，加强建筑全寿命周期的管理与运维。基于装配式装修技术体系，充分发挥装配式装修绿色环保、经久耐用、可灵活拆改、维护建筑寿命的优点，通过研发适宜的部品与技术，可以增强居民幸福感和获得感，促进建筑的可持续发展。

　　装配式装修在标准化、大批量的装修项目上优势极为突出，例如长租公寓、养老公寓、酒店等，能够明显地体现出装配式内装的优势。然而，市场的实际使用者对它还是知之甚少。装配式装修虽然是装修变革的主要方向，但是路漫漫其修远兮，想要在未来快速实现大规模的应用还有一些难题需要攻克，技术、成本和消费者接受程度是摆在装配式装修行业面前的三座大山。其中，技术的创新和运用是关键，需要尽快研发出可以打通装配式设计、算量、生产、施工全链路的配套软件，提供行业一体化解决方案，赋能装修企业实现数字化转型和工业化升级。其次，对装配式装修认知度低的消费者而言，应加大宣传引导力度，改变传统观念(《装配式内装修技术标准》JGJ/T 491—2021)。

　　3. 装配式机电设备系统

　　装配式机电设备安装技术，即机电的部分或全部构件在工厂预制完成，然后运输到施工现场，将构件通过可靠的连接方式组装而建成的机电成品，其避免了传统安装中人工成本高、施工周期长、建筑垃圾多等缺点，降低了材料损耗率与环境污染程度。装配式机电设备系统的优点主要有以下几点：标准化设计，随着科学技术的快速发展，人们对现代工业产品的质量要求越来越高。装配式机电集成系统由一系列标准化构件组成，由工厂采用标准化生产工艺，在全程、严格的质量管理体系下批量生产，产品质量稳定，且具有通用性和互换性，整个空调机房均标准化；施工安全，现场零焊接，消除了焊接引起的火灾、浓烟等安全隐患；建造高效，深化建模直接调用族库，标准化模块的安装只需叉车等机械设备转运就位即可，管线构件使用螺栓连接即可完成安装。安装技术要求低、操作简易、高效，明显降低劳动强度；节约能源，所有原材料在工厂内使用自动化机械加工完成，材料利用率高；保护环境，无需现场焊接、无需现场刷油漆等作业，因而不会产生弧光、烟雾、异味等多重污染；稳定牢固，有限元受力分析模块结构，充分考虑各种情况下的安全系数；智能化，标准模块构件参数集成，可实现智能控制、远程联动、设备监控、智能报警、能耗监测等功能（《装配式机电安装技术标准》征求意见稿）。

4. 绿色建筑材料

绿色建筑材料产品认证体系是落实《国务院办公厅关于建立统一的绿色产品标准、认证、标识体系的意见》要求，旨在健全绿色建筑材料市场体系，增加绿色建筑材料产品供给，提升绿色建筑材料产品质量，推动建筑材料工业和建筑业转型升级。绿色建筑材料是全生命周期内可减少对天然资源消耗和减轻对生态环境影响，本质更安全、使用更便利，具有"节能、减排、安全、便利和可循环"特征的建筑材料产品。绿色建筑材料认证产品所用标识采用与之相适用的一星级、二星级或三星级标识（图4-2）。

图 4-2 我国绿色建筑材料标识

绿色建材评价系列标准为协会标准，一共有49部针对不同类型产品的评价标准，如预制构件、砌体材料、保温系统材料、建筑幕墙、节能玻璃等。以《绿色建材评价预拌混凝土》T/CECS 10047—2019为例，材料需要从资源属性、能源属性、环境属性、品质属性五大一级指标进行评价，并规定了各个二级指标对应的基准值范围（表4-1）。

评价基准　　表 4-1

一级指标	二级指标		单位	基准值			判定依据
				一星级	二星级	三星级	
资源属性	生产过程产生废弃物利用率		%	100			附录 A.1
能源属性	单位产品生产能耗		kgce/m³	≤1.1	≤0.7	≤0.4	附录 A.2
	单位产品运输能耗		kgce/m³	≤2.9	≤2.65	≤1.85	附录 A.3
	原材料运输能耗		%	运输距离不大于300km或采用铁路、船舶运输的主要原材料使用率≥95			附录 A.4
环境属性	水溶性六价铬含量		mg/t	≤200			HJ/T 412
	氨释放量		mg/m³	≤0.2			
	单位产品工业废水排放量		kg/m³	0			附录 A.5
	单位产品二氧化碳排放量[*1]		kgCO₂/m³	符合附录B的要求			附录 B
	放射性比活度	I_{Ra}	—	≤0.6			GB 6566
		I_r	—	≤0.6			

续表

一级指标	二级指标	单位	基准值			判定依据
			一星级	二星级	三星级	
品质属性	实测标准偏差与该强度等级标准偏差上限的比值	—	≤1.0	≤0.8		GB 50164
	实测强度与设计强度的比值	—	≥1.0 且≤1.3		≥1.15 且≤1.25	GB/T 50081
	水溶性氯离子含量	%	0.2	0.1	0.06	JTS/T 36
	耐久性*2　抗渗等级	—	P8 级	P10 级	P12 级	GB/T 50082、JGJ/T 193
	耐久性*2　抗氯离子渗透等级	—	Ⅱ级	Ⅲ级	Ⅳ级	
	耐久性*2　抗碳化等级	—	Ⅲ级		Ⅳ级	
	耐久性*2　抗冻等级*3	—	F300		F400	

注：*1本条款适用于 C20～C60 级预拌混凝土，C60（不含）以上强度等级的预拌混凝土不参评。
　　*2本条款评价企业按照工程需要试配、生产相应耐久性能产品的能力，不要求所有出厂产品均符合本条款规定的耐久性要求。
　　*3本条款适用于主要应用范围在第Ⅰ、Ⅱ、Ⅵ、Ⅶ建筑气候区内的产品，应用于其他建筑气候区的产品不参评。建筑气候区的划分按照 GB 50178 进行。
　　表格中"附录"均指《绿色建材评价　预拌混凝土》T/CECS 10047—2019。

4.2.3　室内环境营造

1. 暖通空调系统

暖通空调是具有供暖、通风和空气调节功能的空调器。由于暖通空调的主要功能包括供暖、通风和空气调节三个方面，因此在绿色建筑中负责调控室内空气质量与室内热环境舒适性。

在建筑工程之中设计暖通空调时，为了切实保证暖通空调在完工后的节能效果与效率，实际运用节能技术时一定要注意以下几点运用原则。其一，回收原则。在建筑工程暖通空调内部之中，有很多零件或部件自身都具备或可起到重要作用，因此，对这种自身作用较大的零件或部件，一定要有针对性地回收，并于回收之后，可以通过重新加工与调整实现循环利用的目的。在实际回收暖通空调中的重要零件与部件时，一定要明确区分回收和回用之间的差别，所以这种回收原则并非没有任何基础与底线，十分随意且规模较大地回收暖通空调中重要零件与部件，在落实回收原则时需要根据零件类型进行合理回收。其二，循环原则。循环原则是以回收原则作为基础的，主要是指在通过回收原则将暖通空调中重要部件与零件回收以后，针对回收零件展开进一步处理，这样便可大幅增加能源在暖通空调中的利用率。简单来讲就是针对暖通空调中没有应用或已经报废的重要零件，展开进一步加工处理，促使没有应用或已经报废的重要零件可在建筑工程暖通空调之中循环应用，循环原则可以有效减少回收原则落实时所耗成本，同时增加暖通空调的经济效益与社会效益。其三，节省原则。这主要是指节能暖通空调所用材料与所耗能源，促使暖通空调生产环节中节省大量材料的应用，这样便可直接降低暖通空调生产成本及整个建筑工程所需成本。在这其中也涵盖暖通空调的风机、水泵及冷却等诸多系统，所以在落实节省原则时需要根据暖通空调节能设计的综合性进行（《民用建筑供暖通风与空气调节设计规范》GB 50736—2012）。

2. 自然通风

自然通风是指利用建筑物内外空气的密度差引起的热压或室外大气运动引起的风压来引进室外新鲜空气达到通风换气作用的一种通风方式。自然通风不消耗机械动力，同时，在适宜的条件下又能获得巨大的通风换气量，可以有效地提高居住者的舒适感，降低室内污染物浓度，缩短空调设备运行时间，降低空调和机械通风能耗，是一种经济的通风方式，也是一项重要的被动式绿色建筑技术措施。在一般的居住建筑、普通办公楼、工业厂房（尤其是高温车间）中有广泛的应用，能经济、有效地满足室内人员的空气质量要求和生产工艺的一般要求。我国很早就有在建筑中应用自然通风的历史，比如传统民居中的"穿堂风"就是典型的风压通风。

风压与热压是形成自然通风的两种动力方式，风压是空气流动受到阻挡时产生的静压。当风吹向迎风面时，它会在立面上产生正压力。类似地，当它从背风面立面流出时，将产生较低压力的区域。如果窗户在迎风侧和背风侧都在建筑物中打开，由于开口之间的压力差，空气将被迫穿越建筑物，其作用效果与建筑物的形状等有关。热压是气温不同产生的压力差，它会使室内热空气上升逸散到室外；热压通风的效果称为堆叠效应（Stack Effect），它是由于空气间浮力（buoyancy force）不同导致的。而浮力与空间之间的温度差、湿度差相关。空气温度越高，密度越低，这时较冷的空气将从下方补充。建筑物的通风效果往往是这两种方式综合作用的结果，均应考虑。若建筑层数较少，高度较低，考虑建筑周围风速通常较小且不稳定，可不考虑风压作用。

自然通风对室内环境健康有着直接影响。IWBI调查数据显示，我们平时有超过90%的时间是待在室内的（包括在家、办公室和学校）。人体每天呼吸超过15000L的空气，而糟糕的室内空气质量可以导致头痛、喉咙干、眼睛发炎或流鼻涕，增加呼吸和心血管系统、心肌缺氧、咽喉炎、心绞痛、高血压和心脏病等疾病的患病风险；根据最新全球疾病研究，室内空气质量是第三大健康杀手；室内污染物主要有：一氧化碳、二氧化氮、空气中的微小颗粒物（PM2.5、PM10）、VOCs、SVOCs等；主要污染物来源有：蜡烛、烟草、火炉等燃烧释放，以及建筑材料、家具、纺织品、清洗剂、人体洗护产品、空气清洗剂等释放的污染气体成分。

自然通风是一项重要的被动式绿色建筑技术措施，可有效节约空调和机械通风能耗。自然通风的效果与气候、建筑类型、功能、设计、控制策略等各方面密切相关（图4-3）。根据相关研究，自然通风可达到的节能效果约为30%～70%。国际和国内很多标准规范中均对建筑自然通风效果提出了明确要求，如美国的ASHAERE、LEED和WELL，我国的《绿色建筑评价标准》GB/T 50378、《民用建筑供暖通风与空气调节设计规范》GB 50736、《建筑环境通用规范》GB 55016—2021等。

3. 热回收

建筑中有可能回收的热量有排风热量、内区热量、冷凝器热量和排水热量等，如果把这些本来排到周围环境中的热量加以有效利用，则称为热回收。

1）排风热回收：为了改善空调房间的空气质量，可以通过加大新风量，使得在建筑物空调负荷中，新风负荷的比例更大，同时利用热交换器回收排风中的能量，节约新

图4-3 扫码看彩图

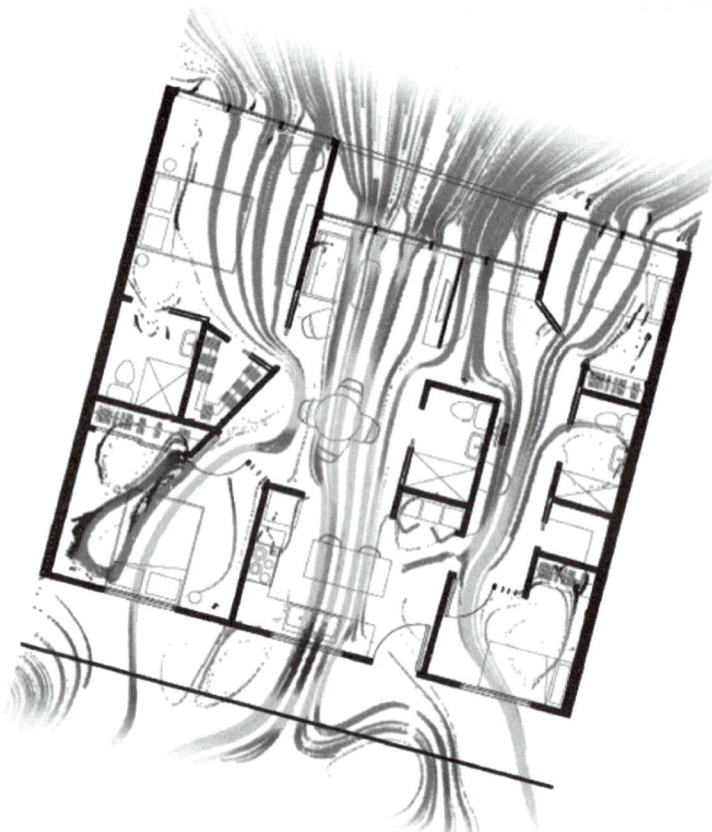

图 4-3　某房间气流分析图

风负荷是空调系统节能的有效措施；

2）内区热量回收：由于建筑内区没有外围护结构，所以内区全年均有余热（或冷负荷），因此可采用水环热泵系统或双管束冷凝器的冷水机组将内区的热量转移到外区；

3）建筑内其他热回收：建筑中空调系统的冷凝热量可用作生活热水的预热或游泳池水加热，也可以利用热泵技术将建筑中的排水提取出来作为生活热水供应或供暖，许多欧洲国家建成了以城市排水作为低品位热源的区域供热站（图 4-4），见《热回收新风机组》GB/T 21087—2020。

4. 采光与照明

建筑中光环境营造主要靠自然采光与主动照明两种技术结合完成。其中，自然采光即是合理利用太阳光，通过玻璃、洞口、光导管等装置将太阳光引入室内，同时尽可能地降低热辐射；主动照明设备则是靠各类灯具营造出适宜建筑功能的光环境场景。见《建筑照明设计标准》GB/T 50034—2024、《光环境评价方法》GB/T 12454—2017。

光导管是一套采集天然光，并经管道传输到室内，进行天然光照明的采光系统。全光谱、无频闪、无眩光，在相同的照度水平下，人们在自然光照明环境下的视觉功效要比在人工照明条件下高 5%～20%（图 4-5）。工作系统分为三个子系统：采光系统、导光系统和漫射系统。子系统中含有的主要部件包括：采光罩、防雨帽、固定环、直筒、

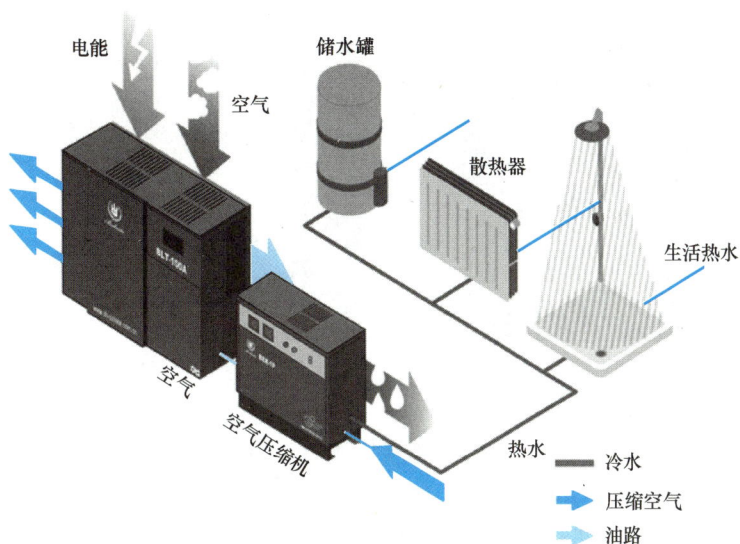

图 4-4　热回收技术

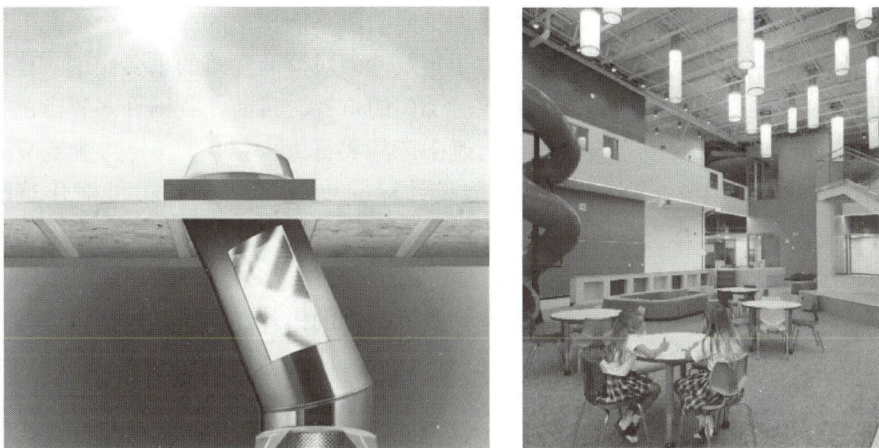

图 4-5　导光管剖面图与应用效果图

弯管、延长管、漫射器、装饰片及其他辅材。

目前，我国光导系统仍处于起步阶段，相关技术规程较少，前期投入成本高。《导光管采光系统技术规程》JGJ/T 374—2015 是一部有关光导系统设计、验收的行业标准，对导光管各组成构件的性能进行了硬性规定，并且提出照度计算经验公式，同时对不同情况下的安装要求、验收流程进行了规定。

5. 建筑遮阳

建筑遮阳主要分为内遮阳（窗帘、百叶等）与外遮阳（悬挑、屋檐、卷帘门等），主要目的是控制室内光热环境的平衡，随着自动化控制系统的发展，诞生出一批自动控制的遮阳系统。在实际应用中，自动控制系统可以自动监测室内外的环境参数，降低建筑热负荷达到节能减碳的目的（图 4-6）。

图 4-6　集中建筑遮阳的方式

　　建筑遮阳是节能建筑的重要手段和必要措施：一方面，遮阳构件和设施阻断或降低了太阳热辐射而有效减少了外窗得热，从而大大降低了夏季室内的空调冷负荷，提高了室内的热舒适度；另一方面，过于强烈的阳光直射室内，容易造成眩光而引起人的视觉不适。以往，许多建筑避免遮光的做法是采取不恰当的措施将阳光完全屏蔽在外，转而采用人工照明。据统计，办公建筑中人工照明占到建筑总能源消耗量的 30%。适当的遮阳装置可以避免眩光，使室内能够充分利用自然采光，减少甚至不采用人工照明，降低消耗。而且，天然采光的视觉舒适度是人工照明所不能比拟的。从这个意义上说，建筑遮阳提高了室内的视觉舒适度。正是由于建筑遮阳对节能建筑的重要作用，建筑遮阳的理念和设施才越来越受到业内人士和政府部门的重视。目前，我国许多省市已发布了关于建筑遮阳的地方规定或条文，对建筑遮阳产品实行大力推广。《公共建筑节能设计标准》GB 50189—2015 和《居住建筑节能设计标准》DB11/ 891—2020 对建筑能耗水平提出了更加严格的要求。

　　6. 隔声减振

　　对特殊的建筑物（如音乐厅、录音室、测听室）的构件，可按其内部容许的噪声级和外部噪声级的大小来确定所需构件的隔声量。对普通住宅、办公室、学校等建筑，由于受材料、投资和使用条件等因素的限制，选取围护结构隔声量，就要综合各种因素，确定一个最佳数值。通常可用居住建筑隔声标准所规定的隔声量。在进行隔声设计时，最好不用特殊的隔声构造，而是利用一般的构件和合理布局来满足隔声要求。如在设计住宅时，厨房、厕所的位置要远离邻户的卧室、起居室。对于剧院、音乐厅等，则可用休息厅、门厅等形成声锁，来满足隔声的要求。为了减少隔声设计的复杂性和投资额，在建筑物内应该尽可能将噪声源集中起来，使其远离需要安静的房间，见《城市防噪声规划》。

　　某些需要特别安静的房间，如录音棚、广播室、声学实验室等，可采用双层围护结构或其他特殊构造，保证室内的安静。在普通建筑物内，若采用轻质构件，则常用双层构造，才能满足隔声要求。对于楼板撞击声，通常采用弹性或阻尼材料来做面层或垫层，或在楼板下增设分离式吊顶等，以减少干扰。建筑物内如有电机等设备，除了利用周围墙板隔声外，还必须在其基础和管道与建筑物的连接处，安设隔振装置。如有通风管道，还要在管道的进风和出风段内加设消声装置。

目前，建筑行业的隔声减振技术主要依靠高性能的建筑材料来完成，例如隔声减振垫，它能有效阻隔楼层之间的噪声传播，提升室内声环境的舒适程度。因此，隔声减振垫主要用于 KTV、迪厅、酒吧、家庭影院、音乐厅、演播厅、剧场等易产生强噪声的场所，也广泛应用于对静音需求很高的地方，如图书馆、医院、普通住宅、高档别墅区、高档酒店、学校及写字楼等场所，见《民用建筑隔声设计规范》GB 50118—2010。

7. 被动式设计

被动式设计就是指通过建筑物本身来收集、储蓄能量（而非利用耗能的机械设备）使得与周围环境形成自循环的系统。这样能够充分利用自然资源，达到节约能源的作用。被动式设计主要分为场地规划和建筑单体设计两方面。建筑单体设计主要是建筑师从围护保温、体形系数、建筑遮阳和自然通风等方面进行，围护保温即采用传热系数较低的材料（降低内外热的传导效率）。通常情况下，建筑师通过将这些技术科学地组合利用，最大限度地利用建筑本身的热量进行供暖和制冷，并通过被动式设计将整个建筑达到严格的密闭保温，从而把主动的供暖或制冷能耗降到最低。通过高效率热回收新风系统，将室内调节到人体舒适的温度并保证空气质量，学界便将其称为被动房（起源于德国，德语 passivhaus）。

4.2.4 水资源综合利用

1. 直饮水系统

直饮水系统是用分质供水的方式，在居住小区（酒店、写字楼）内设净水站，运用现代高科技生化与物化技术，对自来水进行深度净化处理，去除水中有机物、细菌、病毒等有害物质，保留对人体有益的微量元素养和矿物质；同时，采用优质管材设立独立循环式管网，将净化后的优质水送入用户家中（或客房、办公室），供人们直接饮用，见《建筑与小区管道直饮水系统技术规程》CJJ/T 110—2017。

2. 节水设备与系统

常见的节水设备有卫生间节水器（感应式、免冲式等）与水龙头节水器（感应式、手压式等），这些设备都有不同的节水等级，见《水嘴水效限定值及水效等级》GB 25501—2019。节水系统则是结合数据平台（物联网）对各区域水表进行监测，在超出一定限值时触发警告，提醒工作人员进行检查，达到节约用水的目的。

3. 中水系统

中水系统是指将各类建筑或建筑小区使用后的排水，经处理达到中水水质要求后，而回用于厕所便器冲洗、绿化、洗车、清扫等各用水点的一整套工程设施。它包括中水原水系统、中水处理系统及中水给水系统（图 4-7），见《建筑中水设计标准》GB 50336—2018。

4. 雨水回收

雨水收集系统是将雨水根据需求进行收集后，并经过对收集的雨水进行处理后达到符合设计使用标准的系统。是对雨水进行综合利用的一种合理方式。它是先将雨水收集起来，一般收集地面雨水和屋顶雨水；然后，通过雨水管道将雨水引流到雨水收集系统当中，再经过一系列的过滤、净化，实现回用的目的，缓解水资源与自然环境之间的压

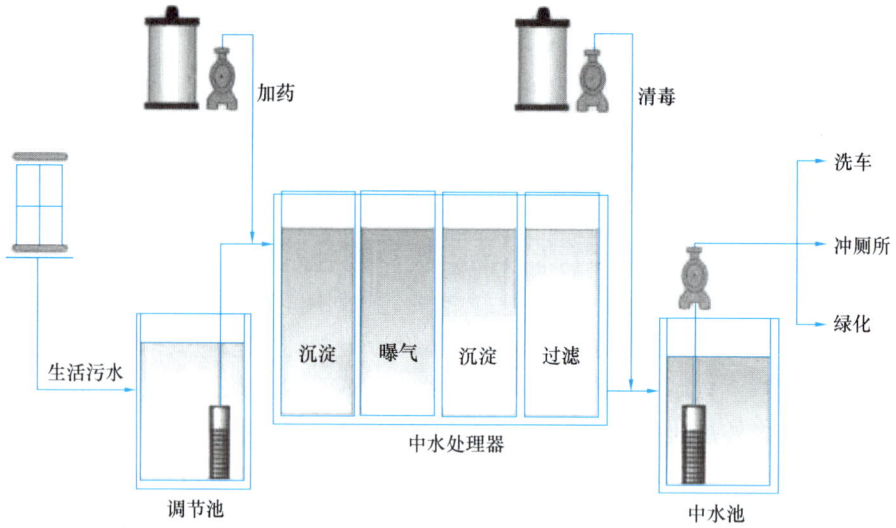

图 4-7　中水处理系统

力，为城市排水系统减压（图 4-8），见《雨水集蓄利用工程技术规范》（征求意见稿）。

图 4-8　雨水回收系统示意

4.2.5　建筑智能化

1. 楼宇自动化

楼宇自动化又称为智能楼宇管控系统，即综合计算机、信息通信等方面的最先进技术，使建筑物内的电力、空调、照明、防灾、防盗、运输设备等协调工作，实现建筑物自动化（BA）、通信自动化（CA）、办公自动化（OA）、安全保卫自动化系统（SAS）和消防自动化系统（FAS），将这 5 种功能结合起来的建筑也称为 5A 建筑，外加结构化综合布线系统（SCS）、结构化综合网络系统（SNS）、智能楼宇综合信息管理自动化系统（MAS）组成，就是智慧楼宇管控系统架构图（图4-9）。目前，智慧系统方面的主要标准有《智能建筑设计标准》GB 50314—2015、《建筑电气与智能化通用规范》GB 55024—2022、《智能建筑工程质量验收规范》GB 50339—2013 等。

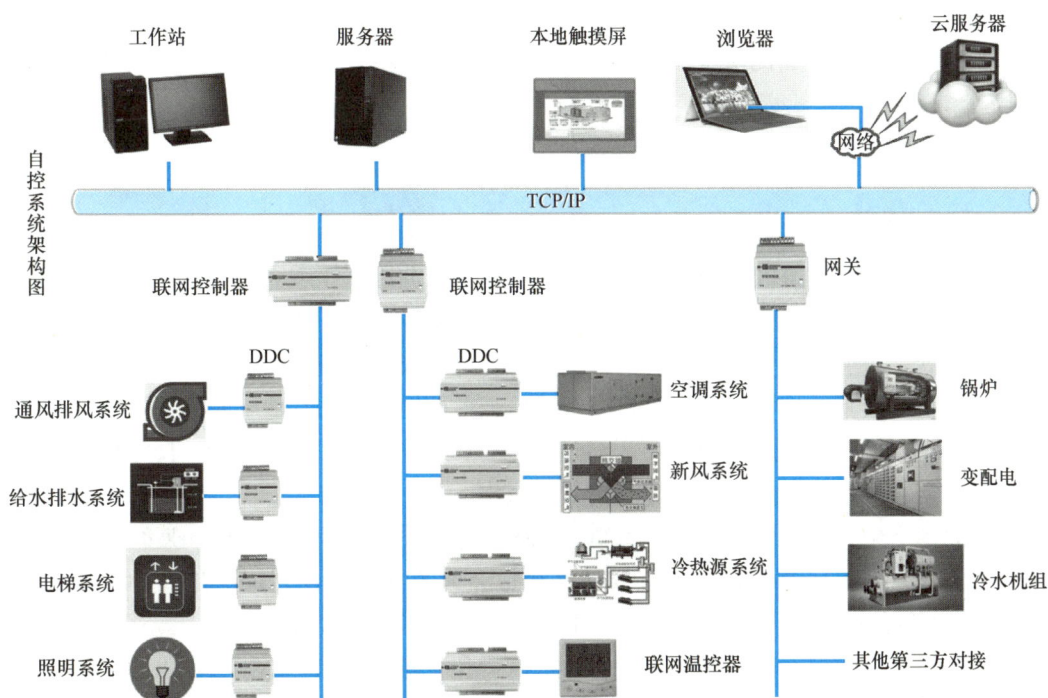

图4-9 楼宇自动化系统架构图

2. 建筑能源管理

智能建筑能源管理系统主要是由建筑设备管理系统来实现的，系统根据预先编排的时间程序对电力、照明、空调等设备进行最优化的管理，从而达到节能的目的。在系统设定中，常常采用定时法（根据大楼工作作息时间按时启停控制设备，如风机、照明等）、温度-时间延迟法（根据大楼内温度保持的延滞时间，提前关闭空调主机或锅炉达到节能之目的）、调节供水温度法（根据室内外实际温度调节空调系统的供水温度，设定合适的供水温度，减少系统主机的过度运行，实现节能）及经济运行法（在室外温度达到13℃时，可直接将室外新风作为回风；在室外温度达到24℃时，可直接将室外新风送入室内。在这样的情况下，系统可节约对送回风系统进行处理的能源）。目前，国内主流的建筑能源管理类书籍有《建筑节能管理》《建筑能源管理》等。

3. 智慧化管理

建筑运营维护和物业管理是建筑生命周期的重要组成部分。数字化运维平台能够将建筑的各类施工、运行信息进行整合，实现数据的分析处理，进而达到各个部门的协同运作。不但能够提高建筑运行维护和物业管理的工作效率，还能够降低运营维护和管理的成本。

运维管理系统是对智能建筑物内所有运行设备的档案、运行、维护、保养进行管理，主要包括设备运行管理、设备维修管理、设备保养管理、维修申请/工作单管理等方面。软件系统可以实时地获取大楼内各种机电设备的运行状态和参数，以方便设备的维修保养等。运维管理系统充分采用智能化、数字化技术，搭建管理系统，系统不仅可以简化、规范运维管理公司的日常操作，全面管理企业的运行状况，提高企业的管理水平和工作效率，为企业提供决策的信息支持，更为企业创造出理想的经济效益和社会效益。

4.2.6　场地与景观

1. 集中绿地与绿化

场地绿化大体上可以分为三种形式：集中绿化、分散绿化和立体绿化。

其中，集中绿化和分散绿化存在分布形式上的差异，而立体绿化则在传统绿化方式上进行拓展，以追求更大的绿化面积。立体绿化的定义为：充分利用不同的立地条件，选择攀缘植物及其他植物栽植并依附或者铺贴于各种构筑物及其他空间结构上的绿化方式，包括立交桥、建筑墙面、坡面、河道堤岸、屋顶、门庭、花架、棚架、阳台、廊、柱、栅栏、枯树及各种假山与建筑设施上的绿化。

滨海湾空中花园（图 4-10 左）位于新加坡，获得了新加坡 GreenMark 的白金级认证。在该项目中，18 棵超级树与室内云雾林是经典的立体绿化装置，其中超级树由是 25～50m 不等的垂直花园组成，选用了比较适合垂直栽种，需土量小、质轻且抗性强、易养护的类型（例如，热带攀缘花卉、附生植物和蕨类植物）；室内云雾林是一个巨大的人工冷室设计了人工瀑布与步道，采用先进的主动技术提供具备能源效益的制冷解决方案（仅对人员活动区制冷的策略，减少了需要制冷的空气量，为了减少冷却过程需要的能源，冷室内的空气还会先经过液体除湿剂除湿）。此外，云雾林的穹顶采用了特制的光谱选择性玻璃，在确保吸收充足阳光的同时，大大地减少了太阳能的热量。

目前，我国关于立体绿化的设计、施工规范较为匮乏，其中《城市立体绿化技术规范》T／ZS 0133—2020 是我国较为前沿的团体标准（图 4-10）。《城市立体绿化技术规范》T／ZS 0133—2020 对属于立体绿化的屋顶花园、垂直绿化和高架绿化进行了设计、施工、验收及养护方面的规定。例如，设计层面规定了种植土层在承重梁、柱部位可适当增加厚度，草本厚度应大于 10cm，小灌木应大于 30cm。

屋顶绿化类型	设计比例	数值
花园式屋顶绿化	绿化种植面积占屋顶绿化总面积的比例	≥70%
	乔灌木覆盖面积占绿化总面积的比例	≥70%
	园路铺装面积占屋顶绿化总面积的比例	≤25%
	园林小品等构筑物占屋顶绿化总面积的比例	≤5%
组合式屋顶绿化	绿化种植面积占屋顶绿化总面积的比例	≥80%
	灌木覆盖面积占绿化种植面积的比例	≥50%
	园路铺装面积占屋顶绿化总面积的比例	≤20%
草坪式屋顶绿化	绿化种植面积占屋顶绿化总面积的比例	≥90%
	园路铺装面积占屋顶绿化总面积的比例	≤10%

图 4-10　不同形式屋顶绿化的设计比例要求

《建筑立体绿化》与《Breathing Wall：Architecture Practical Cases of Vertical Greening（会呼吸的墙：建筑立体绿化实例)》是立体绿化类的典型专业读物。

2. 海绵城市技术

《海绵城市建设技术指南》中，对海绵城市的概念明确定义是：指城市能够像海绵一样，在适应环境变化和应对自然灾害等方面具有良好的"弹性"，下雨时吸水、蓄水、渗水、净水，需要时将蓄存的水"释放"并加以利用（图4-11）。

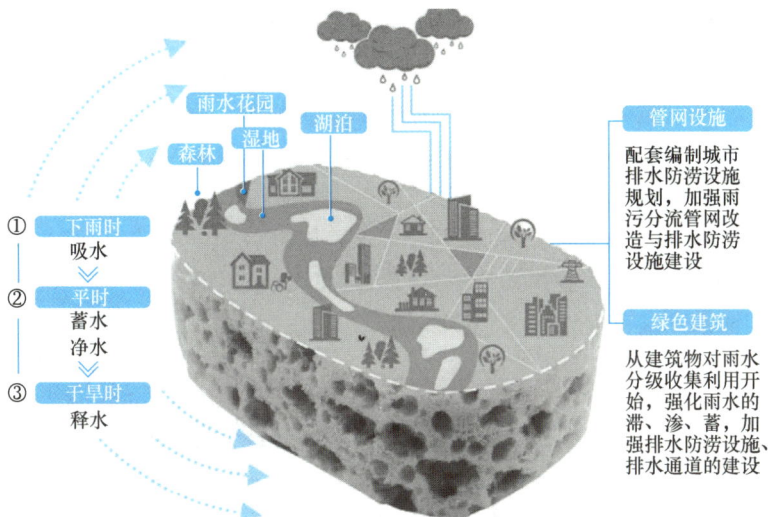

图 4-11　海绵城市技术示意

海绵城市的目的：通过城市规划、建设的管控，从"源头减排、过程控制、系统治理"着手，综合采用"渗、滞、蓄、净、用、排"等技术措施，统筹协调水量与水质、生态与安全，分布与集中、绿色与灰色、景观与功能、岸上与岸下、地上与地下等关系，有效控制城市降雨径流，最大限度地减少城市开发建设行为对原有自然水文特征和水生态环境造成的破坏使城市能够像"海绵"一样，在适应环境变化、抵御自然灾害等方面具有良好的"弹性"，实现自然积存、自然渗透、自然净化的城市发展方式，有利于达到修复城市水生态、涵养城市水资源、改善城雨水环境、保障城市水安全、复兴城市水文化的多重目标。

《海绵城市建设评价标准》从年径总流量控制率及径流体积控制、源头减排项目实施有效性、路面积水控制与内涝防治、城市水体环境质量、自然生态格局管控与水体生态性岸线保护、地下水埋深变化趋势、城市热岛效应缓解，共7个层面对城市建成区进行定性型（非打分评价系统）评价。

《海绵城市：从理念到实践》与《海绵城市设计：理念、技术、案例》系列丛书都从海绵城市发展历程出发，介绍了海绵城市的基本概念、总体概况与规划要点，并通过案例深入分析了海绵城市的设计程序、技术流程与具体应用。

4.2.7　可再生能源

1. 光伏

为促进绿色低碳发展，大力推动节能减排，完成我国 2030 年碳达峰和 2060 年碳中和的目标，我国不断加大太阳能等可再生能源在建筑领域中的推广与应用。2022 年 4 月 1 日开始实行的《建筑节能与可再生能源利用通用规范》GB 55015—2021 规定："新建建筑应安装太阳能系统"。因此，凡是新建建筑，在项目立项和设计阶段，就必须考虑太阳能系统如何在项目中开展应用。然而，传统的屋顶太阳能发电板存在形式单一、影响建筑美观、发电量有限等问题。建筑光伏一体化技术（BIPV）就在该大背景下应运而生，并得到了大型公共建筑项目的青睐，它作为建筑物外部结构的一部分，既具有发电功能，又具备建筑构件和建筑材料的功能，甚至还能提升建筑物的美感，与建筑物形成完美的统一体（图 4-12）。总的来说，BIPV 技术有七大优点：①减少污染、降低碳排；②功能合并、节地高效；③就地发点、降低损耗；④平削高峰、缓解压力；⑤维护便捷、节约成本；⑥可靠性强、稳定性高；⑦发电量大、寿命较长。

图 4-12　光伏一体化技术示意

目前，我国有关光伏幕墙的国家标准主要为《建筑光伏幕墙采光顶检测方法》GB/T 38388—2019 和《建筑光伏系统应用技术标准》GB/T 51368—2019。其中，前者侧重于光伏幕墙及采光顶的性能检测方法，而后者则从设计、施工、验收等全流程对建筑光伏系统的技术要求进行了规范，涵盖构件、系统集成及工程应用等方面。

2. 光热

随着光热技术应用的发展，有学者提出了光热建筑一体化的概念，旨在用太阳能热量解决生活用水加热、生活用电供给以及空气质量提升等方面。太阳能热水供应系统是目前我国太阳能热利用最成熟的方法，它把太阳能转化为热能，将水从低温加热到高温，以满足人们在生产、生活中的使用。太阳能热水系统是由集热器、储水箱及相关附件组成，把太阳能转换成热能主要靠集热管。集热管受阳光照射面温度高，背阳面温度低，使管内的水产生温差，利用热水上浮冷水下沉的原理，使水产生循环而得到所需的热水。见《民用建筑太阳能热水系统应用技术标准》GB 50364—2018。

太阳能通风是一种热压作用下的自然通风措施，它利用太阳辐射增大进出口空气的温差，提供空气流动的浮升力，达到增加室内通风风量降低室温的目的。比较典型的太阳能烟囱主要有 3 种：Trombe 墙体式、竖直集热板屋顶式和倾斜集热板屋顶式。

太阳能光热发电是指利用大规模阵列抛物或蝶形镜面收集太阳热能，通过换热装置提供蒸汽，结合传功汽轮发电的工艺，从而达到发电的目的。采用光热发电技术，避免了昂贵的硅晶光电转换工艺，可以大大降低太阳能发电的成本。而且，这种形式的太阳能利用还有一个其他形式的太阳能转换无法比拟的优势，即太阳能所烧热的水可以储存在巨大的容器中，在太阳落山后几个小时仍然能够带动汽轮发电。光热发电系统目前有四类，分别为槽式、塔式、菲涅尔式和蝶式（图 4-13）。见《槽式太阳能光热发电站设计标准》GB/T 51396—2019。

图 4-13 光热发电站

3. 地源热泵

地源热泵系统（图 4-14）指以岩土体、地下水或地表水为低温热源，由水源热泵机组、地热能交换系统、建筑物内系统组成的供热空调系统，具体分为螺杆式地源热泵、涡旋式地源热泵、降膜式地源热泵。螺杆式地源热泵的特点为大温差，小流量，可供 7～50℃空调冷热水及生活热水；涡旋式地源热泵的特点为扩容灵活，冬季能效比

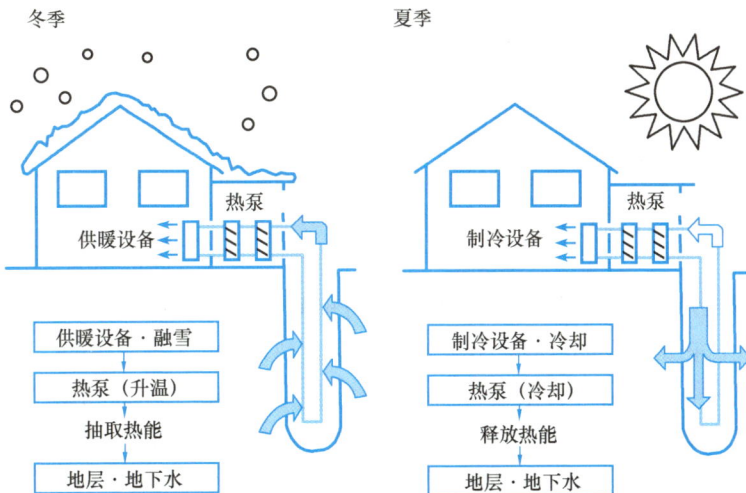

图 4-14 地源热泵示意

1∶4，夏季能效比 1∶5；降膜式地源热泵的特点为高效节能，能效比可达 6.6 以上，适用于集中供暖等项目。《地源热泵系统工程技术规范》GB 50366—2005（2009 版）对不同换热方式的介质、设计、施工与验收进行了详细的规范。

4. 风能

风能也是在建筑领域中发挥重要作用的可再生能源，在建筑环境中主要有两种利用形式：一种是以适应地域风环境为主的被动式利用，如自然通风和排气，能促进内部通风和换气，降低对机械能源的消耗（图 4-15）；另一种是将风能转换为其他能源形式的主动式利用形式，其中最常被人们考虑到的就是风力发电。

图 4-15　风环境营造示意

在建筑物上安装风力发电机，将所产生的电能直接供给建筑本身，可减少电能在输配线路上的损耗。目前，风力发电有三种为建筑供电的方式：①独立运行模式，即将风力发电输出的电能经蓄电池储能再给用户使用；②将风力发电与其他发电方式互补运行，比如利用风力—柴油机组或风力—太阳能光伏发电模式，利用小型风力发电机供电，以满足建筑的用电需求；③与电网联合供电，将电网作为备用电源供电，这种方式可以在风力发电高峰时将多余的电量传送到电网出售，而当风力发电不足时可从电网取电，同时能够去除蓄电池设备，降低系统成本。

5. 其他

1）空气源热泵（图 4-16），是一种利用高位能使热量从低位热源空气流向高位热源的节能装置。它是热泵的一种形式。顾名思义，热泵也就是像泵那样，可以把不能直接利用的低位热能（如空气、土壤、水中所含的热量）转换为可以利用的高位热能，从而达到节约部分高位能（如煤、燃气、油、电能等）的目的，详细的计算公式与规定见《低环境温度空气源热泵（冷水）机组》GB/T 25127—2020。目前，主流的空气源热泵共有 3 类，分别为小型空气源热泵（适合家用、饭店、办公室等小型场所使用，制冷最低可达 7℃，制热最高可达 45℃，可在环境温度−12℃以上稳定运行）、超低温空气源热泵（适应环境温度−25℃以上的北方地区，最高可达到 65℃）及超高温型空气源热泵（适用于−30℃以上的严寒地区，可直供散热器使用）。

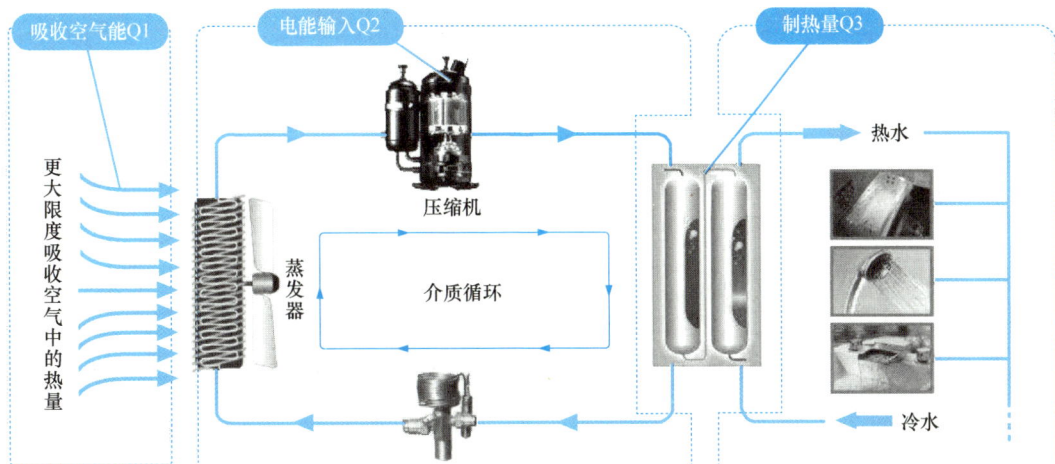

图 4-16　空气源热泵原理示意

2）海水可再生能源，包括海上风电、潮流、洋流、潮差、波浪能、海洋热能、盐度梯度和生物能等。有学者预计到 2050 年可开采的海上风电能源可达 16000TW·h/a，并计算得出全球海上风电能源约有 340000TW·h/a。目前，海水可再生能源还需要解决稳定性、持续性等问题。

4.2.8 施工与管理

1. 绿色施工

绿色施工指在工程施工中实施封闭施工，没有尘土飞扬，没有噪声扰民，在工地四周栽花、种草，实施定时洒水等这些内容；同时，它还涉及可持续发展的各个方面，如生态与环境保护、资源与能源利用、社会与经济的发展等内。目前，《建筑工程绿色施工评价标准（意见征求稿）》从施工管理、环境保护、节材与材料资源利用、节水与水资源利用、节能与能源利用、节地与土地资源保护、人力资源保护与评价等方面进行评价，按照各分项得分将项目分为不合格、合格和优秀三类，并规定合格以上项目可称为绿色施工工程。见《建筑工程绿色施工规范》GB/T 50905—2014。

2. 智慧工地

智慧工地是指运用信息化手段，通过三维设计平台对工程项目进行精确设计和施工模拟，围绕施工过程管理，建立互联协同、智能生产、科学管理的施工项目信息化生态圈，并将此数据在虚拟现实环境下与物联网采集到的工程信息进行数据挖掘分析，提供过程趋势预测及专家预案，实现工程施工可视化智能管理，以提高工程管理信息化水平，从而逐步实现绿色建造和生态建造。《智慧工地管理标准》T/CECS 651—2019 从人员管理、安全管理、环境管理、能耗管理、技术质量管理、成本管理、资源管理、信息管理、风险管理及文件管理 12 个方面进行了规定。

第 5 章

典 型 案 例

5.1　国外经典案例

5.1.1　欧洲

1. 哥本哈根社区中心

该社区坐落于哥本哈根郊区（图 5-1），是一个用 CLT 建造的小型社区建筑。这座建筑是由大量的木材所建造的，即交叉层压木材构件（CLT），并为能覆盖主要空间的需求而设定了新的标准。作为一种天然木材产品，CLT 提供了健康舒适的室内环境，是低碳和耐久建筑材料的环保选择。CLT 作为一种天然材料，其众多优点包括了它可以稳定室内的湿度、噪声程度与温度，并从而创造舒适的工作生活环境。CLT 木材暴露在这个主要的多功能的大空间中，从建筑的一端贯穿到另一端，将城市广场与教区中心后面安静的牧师花园连接起来。建筑的弧形墙壁面向花园，旨在更好地与当地的城市空间和邻近的教区相融合。同时，灰木外墙营造出温暖的氛围，标志着该社区中心服务不同用户与提供活动场所的额外用途。作为一个希望能聚集人们的场所，该建筑使用了天然的木材产品并以此为特色，木材产品协同营造了健康舒适的室内环境，也是一种低碳、耐久的可持续性建筑材料选择。

图 5-1　哥本哈根社区中心

2. Copen Hill 新型垃圾焚烧发电厂＋滑雪场

Copen Hill（图 5-2），也可被称为 Amager Bakke，是一个于最近开放的新型垃圾焚烧发电厂。设计师在其顶部设计了一个滑雪斜坡、徒步走道以及一面攀爬墙，试图以轻松幽默的休闲娱乐形式，来表达项目所蕴含的可持续性，并同时服务于哥本哈根试图在 2025 年成为世界上第一个碳中和城市的发展目标。Copen Hill 项目占地 41000m²，除了承担垃圾焚烧发电厂的职能之外，其还是城市休闲娱乐和环境教育的中心所在，在作为城市基建设施的同时，扮演地标建筑的角色。项目开始之初，Copen Hill 就被设想作为公共设施以服务市民，发挥社会效应。ARC 新型垃圾焚烧发电厂的建立，配备了最新的垃圾处理和能源生产技术，以取代基地附近一个存在 50 年之久的老式垃圾处理厂。

图 5-2 Copen Hill 新型垃圾焚烧发电厂＋滑雪场

该项目毗邻 Amager 的工业滨水区，场地周边的一些工业设施早已变为滑水和卡丁车比赛所需的极限运动场地，而新建的能源发电厂更是在极限运动爱好的愿望清单中，因为其加入了滑雪、徒步和攀岩这三大可选项项目。在设计阶段，Copen Hill 就被设想作为公共设施以服务市民，发挥社会效应。ARC 新型垃圾焚烧发电厂的建立，配备了最新的垃圾处理和能源生产技术，以取代基地附近一个存在 50 年之久的老式垃圾处理厂。当游客登顶时，将收获颠覆传统都市体验的山巅奇遇——这座由垃圾发电厂蜕变而来的 85m 高人造地标，打破了平坦城市的天际线认知。在海拔制高点，除了北欧最长的人工滑雪坡道，人们更可在屋顶体验露天酒吧的微醺时光、挑战攀岩墙的垂直极限、于全景观景台俯瞰哥本哈根的城市脉络。归程时，长达 490m 的环山步道引领人们穿行于丹麦 SLA 景观事务所打造的沉浸式生态廊道，榉树、花椒和接骨木组成的密林随四季流转变幻色彩。这座逾万平方米的空中绿洲不仅是娱乐场域，更通过植被蒸腾作用吸收建筑余热，以植物纤维过滤空气微粒，借助雨水花园调控径流，以科技与自然的共生智慧化解高架公园的微气候治理难题。

3. 伦敦市中心新移民博物馆

该博物馆目前位于伦敦东南部的 Lewisham，是一个包罗万象的集体档案馆，记录了人们进出英国的情况（图 5-3）。这座 27629m² 的塔楼位于伦敦市中心，紧邻伦敦塔，为整个街区注入活力。该设计通过建筑的体量来响应周围环境以及更广泛的城市肌理。沿着南北轴线，该建筑逐渐降低，以响应邻近物业的规模。该项目的核心是一个可从街道直接进入的庭院，在设计的公共领域和私人领域之间建立物理和视觉联系。宽阔的玻璃表面、引人注目的入口以及公共庭院与街道之间的这种关系，拟定的设计优先考虑可见性和开放性。

图 5-3　伦敦市中心新移民博物馆

5.1.2　美洲

1. Interface 总部大楼

Interface 是世界领先的商业应用模块化地板公司，也是可持续发展的领导者。选择将亚特兰大市中心一座 20 世纪 50 年代的办公楼重新用作全球总部。虽然新建筑可以被建造得极其"绿色"和节能，但由于建筑材料中含有碳缘故，新建筑项目的负面影响可能需要 10~80 年才能被消化。

该大楼（图 5-4）为 Interface 的亚特兰大员工提供了一个统一的空间和协作工作场所，这些员工以前分散在多个地方。大本营为员工提供了在灵活的室内工作方式和地点。建筑物提供自然光并减少辐射。该建筑以 LEED 铂金级认证为目标，使用的能源比标准要求少 48%，并配有 15000 加仑（56.78m³）的地下蓄水池用于冲洗固定装置。为了减少浪费，设计和施工团队回收和捐赠建筑材料，总废物转移率为 93%。Interface 的目标是实现 WELL 认证，并优先考虑大本营的员工健康和福祉。该建筑提供了一个宽敞的楼梯以鼓励员工运动；提供一个屋顶空间，可以迅速地与自然接触；提供保健恢复室和社区聚集空间，以加强团队协作。此外，它还具有强大的水和空气过滤系统，可以用紫外线而不是氯气处理饮用水。

图 5-4　Interface 总部大楼

2. 美洲大道 1500

　　这个将办公和酒店住宿合二为一的混合功能项目，位于瓜达拉哈的城市中心(图 5-5)。它庄严的外表和浑然一体的体积标志着它将成为当地象征之一。建筑规整的外貌由四个叠在一起的几何形体组成，这个概念源自它本身混合功能性质的需求。

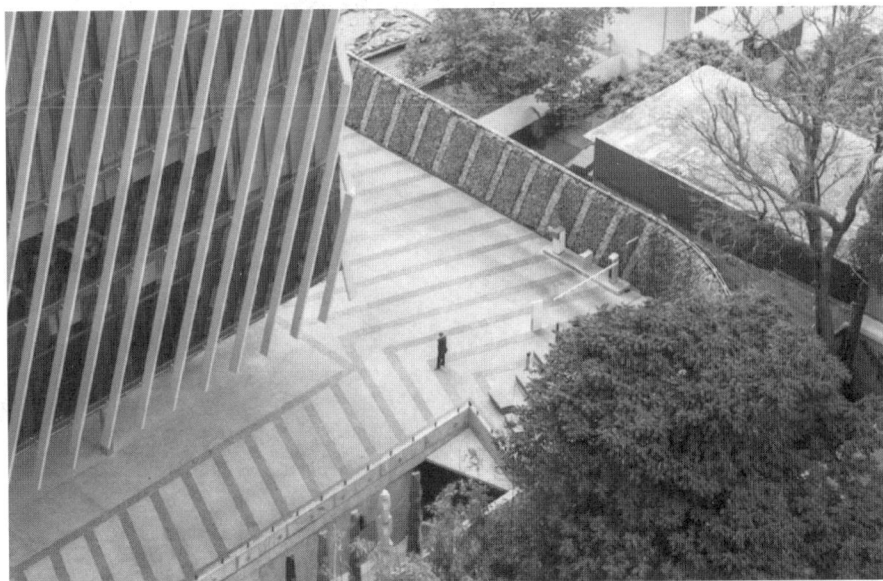

图 5-5　美洲大道 1500

　　该建筑位于毗邻城市其中一条最重要的高速公路，也就是美洲大道。为了呼应这一城市环境的元素，建筑其中一个立面使用了双层玻璃幕墙，其用途在于为建筑物增添一层表皮，以减小噪声等污染。建筑有四分之三的里面将面对直射光，而这一点也成为设计过程中的一大挑战。因此，这些直面阳光的立面则使用槽铝框架来进行应对，其中，特别设计的玻璃幕墙则由不同角度的框架来为内部制造阴影，以防止过度直射光影响日常。不仅如此，整栋建筑还使用可以高度减低日光直射的双层玻璃窗。在立面上干净且重复的框架线条为建筑带来别具一格且永不过时的特点，从而加强了它的代表性。因此，这也是墨西哥西部地区第一个接受绿色建筑评估体系（LEED）认证的建筑。一层被视为像广场一样，它有着大面积的公共空间，为整栋建筑的不同使用提供了流通渠道。中心的三个电梯促进了整栋楼酒店、办公、停车场和服务设施的运作。大楼机动车入口和行人入口被放置在大型广场之中，而地面特殊的材料纹理以及周围种植的树木则保证了行人通道优于机动车通道。在地面表层使用最频繁的材料则是天然石灰岩，从而在地面上任意区域都延续了立面上的几何形状。

　　3. 巴西明日博物馆

　　明日博物馆坐落在巴西里约热内卢毛阿港，是里约热内卢重要的地标之一，于2015年12月向公众开放。博物馆的主题涵盖气候变化、环境保护、可再生能源、城市规划、生物多样性等领域，通过各种互动展览、实验和数字艺术装置，展示全球面临的挑战和可能的解决方案（图5-6）。

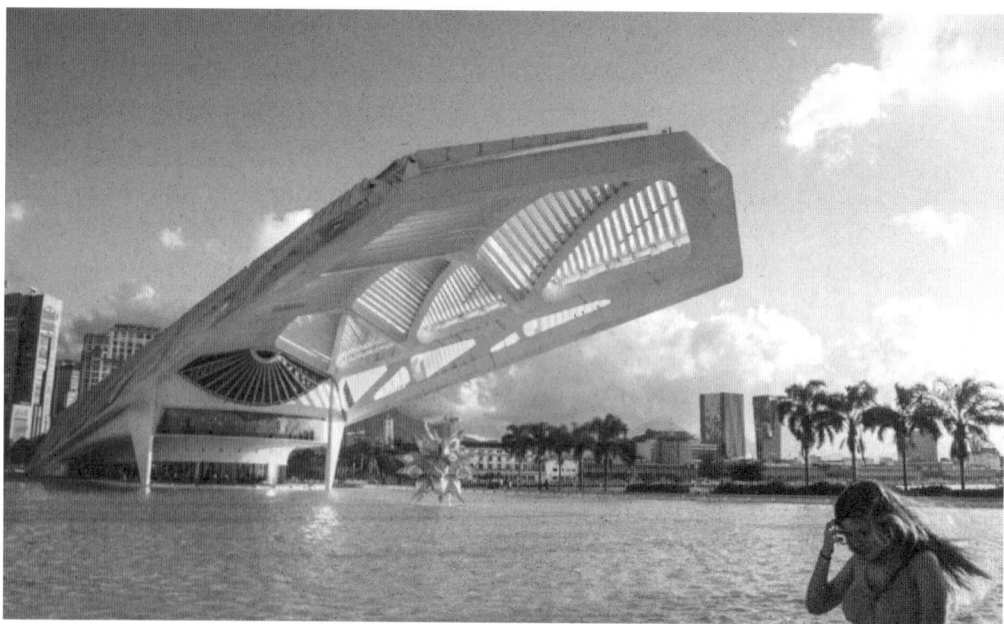

图 5-6　巴西明日博物馆

　　这座博物馆的设计受到了卡里奥卡（Carioca）文化的启发，借助建筑而探索城市与自然环境的关系。博物馆内包含5000m²的临时展览空间以及约7600m²的广场，广场环绕着结构体并顺着码头延伸。这栋建筑的特色便是其面向广场一侧长75m、面向大海一边的 45m 长的悬挑结构，它们使得博物馆从码头向海湾延伸的动态更为明显。常设展厅位于楼上，其特色便是那 10m 高、饱览瓜那巴拉湾全景的屋顶。建筑的总高不能超过 18m，以保护联合国教科文组织世界遗产圣本托修道院（Sao Bento Monastery）海湾的景观不受破坏。

这个有着大型可动翼、表皮结构的悬挑屋顶可以扩展到与码头等长，从而在突出向瓜那巴拉湾延伸的同时又减小了建筑的宽度。环绕在建筑外部的倒影池用来过滤从海湾抽取、向码头尽端排放的水，让人们觉得博物馆好似在漂浮。

这栋建筑以可持续设计为特点，利用了自然能源和光照的手段。设计者利用来自海湾的风来调节室内温度，同时利用风能为博物馆周围的倒影池提供水源。博物馆也利用了太阳能光伏电板，它的角度可以随阳光一整天的角度而变化，从而为建筑提供太阳能。

5.1.3　亚洲

1. Oasia 酒店

Oasia 酒店地处于新加坡高楼遍地的商务区之中，酒店大楼外墙以垂直绿化形式装饰以绿植，一派绿意盎然，宛然一条闹市之中倒挂的瀑布，为热带城市带去无限凉意与生机（图 5-7）。

图 5-7　Oasia 酒店

它整体的绿色容积率高达 1100%，层级而上带给使用者视觉享受。此外，整体式的垂直绿化将建筑划分为无数个空中花园，为喧嚣的环境留出一片休闲娱乐的场所。建筑的下端以流线型立柱配备玻璃隔墙，视觉上自然流畅，仿似绿植如清凉的瀑布般自然垂下，微风通过玻璃下端轻轻吹进室内空间，拂过立柱的绿植，带来流动的新鲜空气。因绿植环绕，酒店四季温度适宜，大大减少了使用者在密闭室内空调的使用次数，从而减少了空调对人的不利影响。大楼本身结合了旅馆和办公空间，以"不一样的商业建筑"为理念，在饱和的橙色和红色金属镂空夹层中，设计了一整片绿荫，点点青绿从橘红中探出，扭转了一般高楼大厦给人的冷冰冰形象，WOHA 则得意地称其为"The Living Wall（生命之墙）"。

2. 滨海湾花园

滨海湾花园是新加坡最新的标志性景点，它位于滨海湾亲水黄金区域，毗邻滨海湾金沙酒店，是新加坡滨海湾继续发展的中心。整个园区由滨海南花园（Bay South）、滨海东花园（Bay East）和滨海中花园（Bay Central）三个风格各异的水岸花园组成，占地面积 101hm²，属新加坡国家公园局直接管理。由新加坡国家公园局和来自英国的世界级景观事务所 Grant Associates 通力合作完成。这个公园中最让人印象深刻的要素是一些高 25～50m 的"擎天大树"（Super trees），上面成长着垂直花园，攀缘植物、附生植物和蕨类植物生长在上面（图 5-8）。

图 5-8　海滨湾公园

这些"擎天大树"的设计初衷就是为了展示具有创新性的环保科技成果，并成为整个公园环境系统中不可或缺的重要组成部分。除了通过垂直绿化来营造栖息场所和荫蔽空间外，部分"擎天大树"还将安装光伏电池来收集太阳能，部分则加有雨水收集装置。而且，个别"擎天大树"将与植物冷室和能源中心相结合，发挥通风功能。植物冷室坐落于滨海南花园，两个主要场馆占地超过 2 万 m²，它们也是世界上最大的气候控制温室，包括两个玻璃生态区："云之森林"（占地 0.73hm²）和"花之穹顶"（占地 1.28hm²）。

5.1.4 非洲

1. 78Corlett Drive 办公楼

项目位于南非约翰内斯堡郊区 Melrose North 的中心，这里本是一块棕地，现则用于一栋办公大楼的兴建（图5-9）。同时，这个项目还是当地数一数二的一栋绿色建筑，获"零碳排放认证"的一级认证以及"绿星评定系统"的办公室 V1.1 类设计规范认证。上述的这些荣誉还使得 78Corlett Drive 办公楼于 2018 年被南非绿色建筑委员会（GBCSA）授予"最高等级建筑奖"的荣誉称号。

图 5-9　78Corlett Drive 办公楼

底层往上，大楼的外立面则是阵列式的模块化百叶窗。该设计于形式上是富含动感的建筑立面；而于功能上，还是一个高效的被动遮阳系统。这套系统的成功实施，则依赖于灯光与立面设计专家，结合先进建模系统的测算而来。得益于此，这个百叶窗立面不光是当地街道上的一大标志，还使得内部的租户免受酷热的夏日阳光，同时还通过模块化的铝包层施工法，实现近乎为零的能源浪费。此外，沿着立面百叶窗安装的滑帘，在租户的调整下产生了不断变化的美感，并同时控制着进入室内的自然光照量和热量。同时，在这个项目的规划中，设计师还考虑到将这栋办公大楼拓展到智能都市的维度。例如，为推广电动汽车的使用，而在办公楼的停车场提供专用停车位，并配备高效的太阳能充电桩。这套太阳能板的年电产量为 92000kWh，其间不会有任何的能源损耗，产生的电量都会被牢牢地保留在太阳能板内。同时，办公楼还配备了安全且遮阳的自行车停放架，甚至还有骑行者专用的浴室与更衣间，以鼓励租户选择骑行的通勤方式。此外，办公楼所在地 1km 内，有 6 个主要的公交换乘站，以及不计其数的出租车上下点，均为无缝换乘约翰内斯堡既有交通设施，提供了得天独厚的地理条件。

2. Lycée Schorge 中学

Lycée Schorge 中学位于布基纳法索人口第三多的城市，它不仅将为该地区的卓越教育树立新的标准，还将以创新和现代的方式展示当地来源的建筑材料，从而提供灵感来源（图 5-10）。学校的设计由 9 个模块组成，包括一系列的教室和行政室。其中一个模块还设有牙科诊所，将为学生提供新的牙科护理来源。这些模块的墙体由当地采集的红土石制成，从地里开采出来后，可以很容易地切割成砖块。当石头暴露在地面上的大气中时，它就会开始硬化。由于其热质量能力，这种材料作为教室的墙体系统功能非常好。再加上独特的捕风塔和悬空的屋顶，使室内空间的温度明显降低。

图 5-10　Lycée Schorge 中学

另一个有助于室内自然通风和照明的主要因素是一个巨大的起伏的顶棚。石膏和混凝土构件的波浪状图案相互之间略有偏移，使室内空间能够呼吸并排出热滞留的空气。顶棚的灰白色起到了漫射和扩散间接日光的作用，在白天提供充足的照明，同时使室内学习空间免受直接的太阳辐射热。像透明织物一样包裹着这些教室的，是一套木制屏风系统。这种辅助外墙由当地的速生木制成，作为教室周围空间的遮阳元素。屏风的作用不仅是保护土制教室不受灰尘和风的腐蚀，还有助于为等待上课的学生创造一系列次要的非正式聚会空间。为了最大限度地利用运输到现场的材料，教室内的学校家具都是用当地的硬木和主体建筑施工时剩下的元素，如屋顶的钢筋废料。这样一来，通过减少废弃物增加建筑成本的附加值，扩大了建筑的经济性。创造了一种自主的"村落"条件，教室模块的放射状布局环绕着一个中央公共庭院。这种配置不仅创造了与主要公共领域的私密性，还为内院遮挡了风尘。院子中心的一个类似于露天剧场的条件将容纳学校和整个社区的非正式聚会以及正式的集会和庆祝活动。总的来说，设计最重要的目标之一是作为学生、教职员工和周围社区成员的灵感催化剂。该建筑不仅是景观中的一个标志，也证明了当地的材料，结合创造力和团队合作，可以转化为具有深远持久影响的精神价值。

5.1.5 大洋洲

1. 悉尼大桥街 50 号大楼

丹麦建筑事务所3XN凭借位于澳大利亚悉尼的"大桥街50号"大楼（Quay Quarter Tower）赢得了第10届国际高层建筑奖，成为2022/2023年度全球最具创新性的高层建筑（图5-11）。"大桥街50号"大楼从过去两年完成的1000多座高层建筑中脱颖而出，因为它在生态挑战加剧的时代实施了创新的解决方案，将原有的20世纪70年代高层建筑结构的很大一部分整合到新建筑中。

图 5-11　大桥街 50 号大楼

206m高的"大桥街50号"大楼证明了建筑转型是可能的，而且规模并不局限。大楼于2022年4月竣工，是悉尼中央商务区重建中产生身份认同的一部分，坐落于著名歌剧院悉尼歌剧院后面的海湾。该地块之前被一座经典的办公大楼所占据，但已不再符合今天的要求。建筑师没有像过去那样拆除该建筑，而是决定将现有支撑结构的大部分整合到一个新的高层建筑中。

通过这种方式，三分之二的梁、柱、楼板和几乎整个 20 世纪 70 年代建造的核心部分都可以被保留下来。与完全拆除和传统的新建筑相比，这些激进的可持续发展概念的核心方面有助于节省近 12000tCO$_2$——相当于哥本哈根和悉尼之间的 8800 次飞行。

外墙的悬臂模块环绕着塔楼的五个部分，减少了 30％进入"大桥街 50 号"大楼的太阳直射。并且，这消除了对内部百叶窗的需求，同时确保了无与伦比的港口景观。此外，增加新的楼层，扩大现有楼层，新的裙楼增加了 45000m^2 的建筑面积，从而更有效地利用了这个显眼的场地。

2. 像素建筑

像素大楼位于墨尔本市重要地段，是一个经典的绿色建筑项目。该项目达到 105 项环保要求，是澳大利亚第一个碳中和办公楼。建筑的供水供能均自足，大楼五彩斑斓的外表皮让人过目不忘，这是一个固定的遮阳百叶系统，背后是双层玻璃窗户。此外，大楼里面配置了太阳能电池板，他们和谐地组合在外表皮上，赋予建筑活力及独特感。该项目首次构建实现了完美的绿星评分，它为可持续的崛起铺平了道路基础设施在整个澳大利亚。同时，大楼取得美国 LEED 标准下的 102 个要求，是迄今为止全球 LEED 最高得分。在未来，这栋大楼也将遥遥领先（图 5-12）。

图 5-12　像素建筑

5.2　国内经典案例

5.2.1　三星级绿色建筑

1. 国家海洋博物馆

1）项目简介

作为我国首座以海洋为主题的国家级、综合性、公益性博物馆，同时也是落户在天津的首个国家级博物馆（图 5-13），国家海洋博物馆设计如何在弘扬我国海洋文化的同时，体现"适用、经济、绿色、美观"的新建筑方针，一直是创作团队关注的重心，也是一项来自使命的考验。

项目选址于天津滨海旅游区，滨海旅游区坐落在滨海新区北部生活片区，中央大道与海滨大道贯穿区域南北，镶腹内陆，靠近渤海，处于京滨发展轴和东部滨海发展带的交汇处；背靠京津唐城市圈，公路、铁路、空中交通便捷。国家海洋博物馆项目选址位于滨海旅游区南湾南侧，西距海滨大道 2km，南邻产业大道延长线，东北面沿海，距渤海监测监视基地 1.5km、距远望主题公园 2km、距贝壳堤保护区 2.5km、距航母主题公园 7km。海洋博物馆周边 6km² 整体定位为中国海洋文化博览产业基地、生态宜居旅游城区。

图 5-13　国家海洋博物馆

项目用地东西方向长 430.1m，南北方向长 425.1m，规划可用地面积 15 万 m²，用地为填海造陆形成，地势平坦。总用地面积 15hm²，总建筑面积 8 万 m²，建筑层数 5 层，建筑总高度（最高点）33.8m，采用钢框架结构。建筑造形运用隐喻的手法，外形似跃向水面的鱼群、停泊岸边的船坞，优美但不具象，通过柔美的曲线语言令参观者产生对海洋元素无限的遐想。项目在绿色建筑领域重点关注于 BIM 技术从规划设计到建设运营的建筑全生命期应用，最大限度地实现节材效果，以及可再生能源、非传统水源和智能化博物馆的应用。项目已获得三星级绿色建筑设计标识证书。

2）技术措施

建筑布局方面，国家海洋博物馆的总体规划呼应了所在区域的轴向规划——一条南北向中央轴线和一条东西走向的绿轴在博物馆的前庭交会。从海博路起始的南北向中央轴线开创了一条宽阔的人行林荫大道，与拟建博物馆的入口轴线并行，一路延伸至南湾及未来的大型船区域。东西向绿轴与南北轴交会处聚合成一个主要空间，形成了海洋广场。

围护结构方面，由于项目位于寒冷地区，外墙体采用300mm厚蒸压砂加气混凝土砌块，密度为500kg/m³，导热系数为0.14W/(m²·K)，强度等级不低于A3.5；屋面保温材料选用泡沫混凝土(重度小于500kg/m³，燃烧性能为A级)，外檐门窗、幕墙采用断桥铝合金中空(辐射率≤0.15)Low-E真空玻璃或内填氩气，实现了围护结构的节能优化，使得围护结构各部分的传热系数达到：屋面0.33W/(m²·K)，外墙0.4W/(m²·K)，外窗西2.00W/(m²·K)、北1.80W/(m²·K)、东2.00W/(m²·K)、南1.60W/(m²·K)，优于《天津市公共建筑节能设计标准》DB 29-153-2014的要求，窗墙面积比分别为：东向0.22；南向0.65；西向：0.12；北向0.43，均满足窗墙比限制要求。通过围护结构的节能优化，本项目建筑节能率达到60%，优于当时天津市50%的节能要求。建筑外墙面材料为铝镁合金单板，采取面层为亚光饰面，玻璃采用低反射率Low-E玻璃措施避免光污染，幕墙反射比为0.15，对周围环境不会造成光污染。

BIM技术与节材方面，因建筑造形、空间、管线系统较为复杂，BIM技术在本项目设计中发挥了重要作用，解决了非线性建筑形体内、外空间的结合、非线性建筑形体与结构体系的交互设计、非线性建筑表皮有理化、内部空间与设备管线集成等技术难点。例如，运用参数化表皮设计最经典也是最常用的"干涉""渐变"方法来诠释表皮的设计。在纵向构成上，我们可以观察到建筑整体立面是从等边的六边形逐渐变形为菱形的过程。运用参数化手段对表皮进行拆分、规格化表皮等处理，最终将建筑表皮嵌板规格数量控制在可接受的范围之内。同时，结合有理化的表皮来微调结构斜撑的布置，使结构构成逻辑与表皮龙骨布局保持一致，最大化地节省龙骨用量。

室内环境营造方面，项目采用温湿度独立分控技术，藏品库采用机房专用空调机组，办公区域采用空调末端＋新风系统，其他区域采用全空气处理机组。机房专用空调机组将接有空调冷水供回水管道、空调热水供回水管、加湿管道。在夏季，为保证库房的湿度精度，还会对已经降温除湿的库房送风进行再热处理，在每间库房的送风支管上设置0.75kW的电再热装置，从而达到微调相对湿度的目的。全空气处理机组包括对空气的过滤、冷却除湿、冬季加热、加湿、消声等功能。座椅自带送风口。新风机组具备对处理空气进行过滤、能量回收、加热、冷却、加湿功能。新风机组设置热回收装置，以在冬、夏季节减少新风能耗。此外，项目重点对共享大厅、办公区域，以及分布于各层的休息区进行了自然采光优化设计。例如，在进深较大的共享大厅顶部设置采光天窗和外遮阳构件，在降低照明能耗的同时营造出明亮、舒适的自然光环境。

能源方面，项目采用的主要冷热源形式为垂直埋管地源热泵供冷供热系统。采暖空调系统总冷负荷为10900kW，总热负荷为8386kW。地源热泵系统承担冷负荷10900kW，占整个负荷的100%；承担热负荷8085kW，占整个负荷的96.4%，可再生能源共承担冷热负荷比例达到98.4%。另外，项目还配备了建筑能耗监测系统，该系统由数据采集处理系统、数据中转站、数据中心以及能耗分析系统四个部分组成，可以对馆内的中央空调、水、电、气等能耗数据进行采集和查询，实现对馆内能耗的全面监测。

2. 北京大兴机场航站楼及停车楼

1) 项目简介

北京大兴国际机场位于永定河北岸（图 5-14），北京市大兴区榆垡镇、礼贤镇和河北省廊坊市广阳区之间，总建筑面积约 140 万 m²，其中包括航站楼、飞行区域、轨道交通中心、停车楼和综合服务楼工程。本次申报的范围为航站楼和停车楼工程。

图 5-14　北京大兴机场航站楼及停车楼

航站楼建筑和换乘中心由主楼和五条指廊组成了一个包络在 1200m 直径大圆中的中心放射形态，总用地面积约 30 万 m²（包括航站楼轮廓之外、楼前高架桥下部的 B1 层轨道交通厅用地面积 2.4 万 m²）。建筑地上共 5 层，地下共 2 层，建筑高度 50.9m，为钢筋混凝土框架结构。五层为值机大厅及陆侧餐饮等服务设施；四层为主楼北区为国际常规办票大厅、国际出发安检，主楼南区为国际出发海关、边防；三层为国内自助办票厅、安检现场。其余指廊为国际出发区；二层主楼北区为行李提取厅，中央指廊为国际到港通道。首层为迎客厅，各指廊有楼内酒店、后勤办公及一些机电设备机房等；地下一层为旅客连接地下二层轨道交通的转换空间，最底层为轨道站台。

停车楼位于航站楼和综合换乘中心北侧，主要为航站楼旅客提供停车服务，同步整合制冷站、综合服务楼及轨道北站厅等功能。其外部造形与航站楼及综合服务楼相协调，与航站区主体工程形成统一整体。停车楼地上 3 层，分为东西停车楼，地下共 2 层，整体平面布局中局部设置设备管廊。

该项目于 2017 年 9 月 11 日获得绿色建筑设计标识三星级证书，于同年 9 月 18 日获得国内第一个节能建筑设计标识三星级证书，具有良好的节能效果。建筑绿色关键性参数包括：停车楼屋顶可绿化面积比例 100%、围护结构节能率 2.18%、暖通空调系统节能率 23.85%，可再生能源利用率 3.79%（电量）、采用余热废热利用，其中 91.02% 集中生活热水由余热供给。天然采光达标面积为 87.16%、非传统水源利用率

4.49%、可再利用和可再循环材料利用率 10.08%、年径流总量控制率为 85%。

　　2）技术措施

　　建筑技术方面，项目室外采用多种形式的生态海绵城市建设技术（LID）措施，增加雨水渗透，降低地表径流，改善地下水涵养。共采用下凹式绿地面积为 13627m²，采用屋顶绿地面积 2204.46m²，具有调蓄雨水功能的绿地面积比例为 39.08%；透水路面占硬质铺装比例不低于 70%；同时项目场地内设置雨水调蓄池 12000m³。根据计算，场地径流系数大于 85% 的要求。项目在设计时严控围护结构热工性能，严格按照即将发布的 2015 版北京《公共建筑节能设计标准》进行设计，天窗和玻璃幕墙采用高透型 Low-E 中空玻璃窗，夏季隔热，冬季保温，同时保证可见光透进室内，改善天热采光效果。建筑在幕墙顶部和天窗四周设置开启扇，并利用数值模拟的方法优化通风路径和开启扇的位置及面积，在过渡季充分利用自然通风降温，节约空调能耗，改善室内环境质量。建筑屋顶采用通风夹层屋面，利用夹层通风带着太阳热量，降低屋顶得热，节约空调能耗。

　　结构工程方面，项目 100% 采用预拌混凝土和预拌砂浆，并对地基基础、结构体系和结构构件进行优化设计，采用筏板＋柱下局部加厚的基础形式，避免了大面积超厚板基础方案。通过设置结构缝，将航站楼超大的体量分成相对独立的结构单元，在独立的结构单元内，使结构平面形状尽量简单、规则、刚度和承载力分布较为均匀，明显降低了结构的体型不规则性，减小了由于结构超长带来的特别不利影响，使结构方案更合理，造价更低。航站楼三级钢及以上钢筋用量达到 100%，钢结构 Q355 及以上高强钢材用量占钢材总量的比例达到 70% 以上，还采用了屈服强度级别达到 460MPa 的高建钢，减轻了结构重量、降低钢结构用材的厚度，从而减少结构用钢量。项目大量采用高强度钢筋和钢材，HRB400 级钢筋和 Q355 钢材重量占到总重量的 100%。可再循环材料主要为钢筋、钢材和玻璃幕墙，占到总建筑材料的 10.08%。

　　暖通工程方面，航站楼的冷源由集中制冷站提供，采用冰蓄冷作为集中冷源。航站楼内分 4 个区域设置制冷机组，用于信息机房等区域全年供冷；航站楼内设置飞机机舱地面空调冷源。项目停车楼和航站楼冷却水补水采用航站楼路程和空侧收集的屋面雨水，雨水机房额外处理水量 210m³/h，每日运行 12h，能够满足冷却水补水 93.39% 的用水量，处理后水质满足现行《采暖空调系统水质》GB/T 29044、《城市污水再生利用 城市杂用水水质》GB/T 18920 的规定。

　　项目在新风机组上设置热回收装置，共 65 台，其中 52 台为转轮热回收，13 台为显热回收。此外，项目采用室内 CO_2 浓度监控，根据人员密度的变化情况控制新风量，节约空调采暖能耗。

5.2.2　健康建筑与社区

1. 中国石油大厦

　　中国石油大厦位于北京市东城区二环交通商务区的北侧（图 5-15），大厦总建筑面积为 20 万 m²，大厦建设用地面积为 22520m²，地上建筑面积为 144959m²，主楼的高

图 5-15　中国石油大厦

度为 90m，被授予三星级健康建筑运行标识，同时作为示范项目展示于健康建筑标识网上。

　　功能布局方面，项目将四个 L 形体块进行排列组合的方案，能够在增加同自然环境接触面积的同时，尽可能地缩减建筑体量。这样的组合方式能够使气流在各楼之间形成环流，使得场地拥有更好的通风环境；同时，又创造性地解决了基地长边过长的问题，为两边的街道提供景观的联系。

　　室内环境方面，由于项目基地的东侧是东直门交通枢纽，在设计时以下两个方面受到重视：基地所受到的噪声影响会比较严重；建筑主要立面的朝向是东西向，建筑的遮阳问题也是需要解决的重点。项目通过内循环呼吸幕墙系统的使用，其优势体现在：全空调系统加新风，呼吸间层基本不用清洁；有外循环系统同样的隔声降噪和外墙热工效果而且由于是主动式循环，温湿度效果可控。相对于外循环呼吸幕墙系统，节能效果有所减弱；呼吸间层小，只有 250mm，能够显著加大建筑的使用面积；增大室内可视角；幕墙内温度不易受到外界环境的干扰，提升工作的舒适度。此外，项目采用了智能百叶和智能灯光节能技术，有效改变了室内环境，降低了能耗，智能灯光节能技术的运用，将普通照明成功变成补光照明，实现了房间内自然采光与灯光之间的自动调节，节省电量多达 40%。大厦采用了冰蓄冷和低温送风变风量技术，其中基载主机为亚洲最大的两台多机头磁悬浮冷水机组，比常规冷水机组节能 47%。建筑还通过使用低温冷水，实现空调系统的低温送风，将低温风口的出风温度设置为 8℃，通过温差实现送风。

　　景观设计方面，项目注重把控整体性、科学性和生态性三个维度。项目通过宏观的把控调节整体的景观布局，通过将沿街绿化、垂直绿化和屋顶绿化等各种绿化景观元素整合在一起，从整体上凸显景观环境的条理性和秩序性；根据项目所在地的气候环境特征，在沿街部分选择合理的植被进行设计与布置，从而使沿街部分的景观起到从街道到建筑之间的过渡；通过将绿色植物融入建筑，使建筑的内部环境变成了一个微型的生态系统，并且通过合理的布置，减少了建筑本身对环境的影响。

2. 远洋集团总部办公区

远洋集团总部办公区在 2019 年完成更新改造，改造的初衷就是为员工构建一处开放、共享、健康、智慧的办公空间（图 5-16）。同年 12 月，该项目成功通过国际 WELL 建筑研究院一系列严谨检测，正式成为北京地区第一个获得铂金级 WELL 认证的项目。同时，远洋集团总部办公区也将亚洲最大铂金级 WELLNEI 认证空间这一荣誉收入囊中，此项殊荣被 WELL 建筑标准认可。WELL 建筑标准作为行业内重要的健康建筑认证体系，致力于通过室内环境提高人体健康及福祉水平。统计数据显示，人一天中约有 80％的时间是在室内空间中度过的。除了家之外，写字楼、办公室，是每个人在工作日中驻足时间最长的室内场所。为此，远洋集团遵循建筑健康理念，在总部办公区改进升级时，基于人们的健康敏感点，特别关注用户敏感度高且感知性强的方面，从空间设计、建筑规划、制度标准等多维度、多角度深入思考，使健康在实践层面真正得以应用。

图 5-16　远洋集团总部办公区

远洋写字楼事业部总经理助理师宴凯曾在接受记者采访时详细地介绍了远洋集团总部办公在精细化、智能化、便利化方面的实践性思考和相关成果。他说："总部办公在建筑设计之初，就充分考虑到日后员工使用过程中的各类健康问题，并采用合理的设计手段和策略，降低健康风险、提高员工的健康水平，这些优势在疫情期间也得以显现。空间，出于为人使用的目的而存在，身体的舒适性是健康的空间带给我们最直接的体验和感受，健康性的办公空间，以精细化设计，为员工身体健康保驾护航。"远洋集团以集团总部办公楼改造为起点，希望打造一个"健康写字楼的样板"，将远洋"建筑健康"的各项主要指标进行落地实践，为员工营造一个开放、共享、健康、智慧的办公空间。

在办公过程中，员工可以通过设计综合管理平台，实时查看办公空间的环境指数。如PM2.5、二氧化碳含量、温度、湿度等数据。办公空间充分考虑光线与人、环境的关系，在色温上调整为偏暖色调3500K，营造出一个更轻松、愉悦的办公氛围；在色调上，多采用灰色调，使整个空间更显商务。办公区采用吸声性材料，提高材料的降噪系数，消除干扰，既提高工作效率，又保证了封闭空间的隔声性能，避免声音传递的干扰；引用国际上达标要求较高的水质；选用国际上标准最高的办公座椅，员工可以根据自身实际情况进行调节，保证办公的舒适度。

总部办公区颠覆了人们对传统办公场所的认知，并充分考虑了人与人之间的合理距离，以共享的理念打造更真实、更自由和更开放的互动体验空间；设置了小型会议室和电话间；根据员工的实际办公状态，增设了200个左右的灵活工位，方便外地或临时来办公的员工；这些细节设计既保障了员工在疫情期间办公的安全距离，又为员工营造了一个私密空间，保护其隐私。

为了鼓励员工健身，通过设计实现了上下连接从31～33层的整个三层办公区的楼梯及健身循环路线，按照动线串联起远洋办公区的各个空间。但是楼梯的存在，不仅限于有和无，而是好不好用的问题。健康楼梯与入口电梯厅边缘的距离在7.5m以内，入口到健康楼梯之间无遮挡；楼梯宽度达到了140cm，方便双向通行；成排布置艺术品装置，设置户外或内部观景窗；纯实木加减振垫层、台阶灯营造气氛、绿植和蔬菜环绕。

5.2.3　碳中和产业园

1. 鄂尔多斯零碳产业园

鄂尔多斯零碳产业园位于蒙苏经济开发区江苏产业园，拥有丰富的能源、化工、建筑材料等资源，通过强化创新支撑引领，将绿色能源的生产和使用有机结合，发展零碳工业，打造零碳生产制造产业园样板。

鄂尔多斯零碳产业园基于当地丰富的可再生能源资源和智能电网系统，推动能源转型，加快构建以"风光氢储车"为核心的绿色能源供应体系，实现了高比例、低成本、充足的可再生能源生产与使用。同时，配合数字化基础设施，推动零碳产业及电解铝、绿氢制钢、绿色化工等技术的发展和应用，构建以零碳能源为基础的"零碳新工业"创新体系。

1）搭建新型电力系统，实现100％零碳能源供给

作为全球首个零碳产业园，园区中80％的能源直接来自风电、光伏和储能，另外20％的能源基于智能物联网的优化，将会通过"在电力生产过多时出售给电网，需要时从电网取回"的合作模式，实现100％的零碳能源供给。

目前，鄂尔多斯零碳产业园已建成一座占地面积约260000m²、一期10GW·h产能的现代化动力电池工厂。根据规划，二期总产能将提高到20GW·h，每年将为超过3万台电动重卡提供高安全性、高能量密度、高耐久性和高性价比的动力电池，还可为

风光储应用提供超 10GW·h 储能电池，支持风光储氢等综合智慧能源示范项目，解决可再生能源消纳难题，大规模降低电力成本。

2）构建"绿色能源＋交通＋化工"零碳新工业体系，驱动工业制造业绿色升级

鄂尔多斯零碳产业园将绿色能源的生产和使用有机结合，创新能源生产和使用分离的工厂模式，构建了"绿色能源＋交通＋化工"初级零碳新工业体系，驱动产业园的蓬勃发展。

绿色能源方面，零碳产业园内发展绿电制氢产业，将应用于绿氢制钢、绿氢煤化工、生物合成等下游产业，减少鄂尔多斯化工行业的煤炭消耗量。

交通方面，园区选择"动力电池＋汽车行业"作为零碳产业园破局之举，通过风电、光伏与动力电池和电动汽车结合，开启绿色工业革命。

化工方面，园区通过绿电制氢、生物合成技术将取代使用化石原料的传统化工，生产出零碳并可回收的材料。

3）以"能碳双控"平台为数字基座，实现零碳管理闭环

鄂尔多斯零碳产业园以"能源双控"平台为数字基座，支持碳排和能耗指标的可跟踪、可分析、可视化，统一管理碳数据、碳指标以及能耗数据指标，实现碳排放和能耗等重要指标的实时监测、及时预警和优化闭环，并能够为园区生产的产品打上"零碳标签"。

"能碳双控"平台可以将新能源产生的绿色发电量计算清楚，并将其从能耗总量中刨除。园区通过管理平台进行数据采集和监控，将能量的生产、消耗、使用和能效分析结合在一起，并通过可视化展示直观地反映出能源的利用效率，提高用户能源数据的可追溯能力。通过对获取的数据进行处理分析，实现企业能源信息化集中监控、设备节能精细化管理、能源系统化管理等，有效降低能源损失，提高能源的转化效率。

2. 重庆 AIcity 园区

重庆 AIcity 园区主要通过打造零碳建筑推动园区应用转型，实现园区能源自给，减少园区碳排放（图 5-17）。此外，园区构建"智能大脑"，推动园区管控数字化转型，实现了智慧化节能化管理运营，并刷新"最完整的 5G 城市智能生态、首个机器人友好园区、最大的步入式屋顶花园、碳中和低能耗社区"等多项纪录。

图 5-17 重庆 AIcity 园区

重庆 AIcity 园区通过在建筑之间分散式布置智慧杆塔、智能座椅，在建筑屋顶铺设光伏，实现园区能源自给，从而减少建筑碳排放。智慧杆塔集智能照明、环境监测、

绿色能源、设施监管等功能于一身。一方面，自带光伏，能够执行公共智能照明并充当汽车充电桩、USB手机充电装置给园区用户的电动汽车和手机充电，实现绿色能源供给，降低碳排放；另一方面，建筑采用节能环保材料并铺设屋顶光伏，提升园区能源自给率。

5.2.4 碳中和社区

1. 大梅沙社区

大梅沙社区位于深圳盐田区东部，约3.2km²，社区常住居民2650户，包含6000多常住人口，社区2020年碳排放总量超过4000t（图5-18）。在"政府主导、企业积极行动和社会公众参与"的原则之下，盐田区政府联动万科公益基金等各方开始对社区建筑能耗、废弃物处置等项目开展绿色改造。为降低碳排放，大梅沙社区选择"就地光伏＋储能＋充电桩"模式，结合智能能源管理系统，优化社区能源结构，提高绿色能源在社区消耗中的占比。此外，改造项目还充分使用绿色建筑技术，成功将大梅沙万科中心可再生能源利用率提高到85％。此外，社区还大力发展绿色交通，通过新建充电桩的模式，鼓励使用更加节能环保的新能源汽车，降低碳排放。大梅沙社区的改造并不仅限于节能环保，还覆盖生态修复。废弃物回收再利用是减少排放的重要方面。改造项目在整个大梅沙社区实现了垃圾分类的全覆盖。通过精细化分类，建立了厨余垃圾的生物式处理方式和就地循环模式。

图5-18 大梅沙社区内某园区的厨余垃圾处理站

2. 福兴新村

福兴新村位于小榄镇北区社区，这里有135栋居民住宅、常住人口约600人（图5-19）。2014年起，在小榄镇政府和小榄低碳发展促进中心的推动下，福兴新村开始了在低碳排放方面的探索。2017年被认定为全省唯一近零碳排放示范社区，2018年被认定为全市唯一的广东省绿色社区。在全省率先引进精细化分类的智能垃圾回收机，可"吃"12 类垃圾。垃圾分类放进投放箱后，还可根据垃圾种类和总量算出价格，让居民有看得见的收益。

社区闲置土地低碳化改造达 $3000m^2$，社区绿化率达 90%，社区每年减少二氧化碳约 100t/年，智能垃圾回收机运行至今，每月垃圾平均投放量近 400kg，每户减量 15%，可回收物达到 8.5t。社区的可再生能源利用率达 21.5%，比项目实施目标高 1.5%，社区的低碳驿站已经成为零碳排放空间。

图 5-19　福兴新村

参考文献

［1］ UNEP-UN Environment Programme(联合国环境规划署). 人类环境会议报告书［R/OL］.（1972-06-16）［2023-09-10］. https：//daccess-ods. un. org/tmp/8792129. 15897369. html.

［2］ UNEP-UN Environment Programme（联合国环境规划署）. Spreading like Wildfire：The Rising Threat of Extraordinary Landscape Fires［R/OL］.（2022-02-23）［2023-09-12］. https：//www. unep. org/resources/report/spreading-wildfire-rising-threat-extraordinary-landscape-fires.

［3］ 中国建筑能耗与碳排放研究报告(2022 年)［J］. 建筑，2023(02)：57-69.

［4］ Kawakubo S，Baba K，Tanaka M，et al. Assessment of City Resilience Using Urban Indicators in Japanese Cities［M］// Tanaka M，Baba K. Resilient Policies in Asian Cities：Adaptation to Climate Change and Natural Disasters. Singapore：Springer Singapore，2020：47-60.

［5］ 住房和城乡建设部. 绿色建筑评价标准：GB/T 50378—2019［S］. 北京：中国建筑工业出版社，2019.

［6］ 住房和城乡建设部. 民用建筑绿色性能计算标准：JGJ/T 449—2018［S］. 北京：中国建筑工业出版社，2018.

［7］ 住房和城乡建设部. 近零能耗建筑技术标准：GB/T 51350—2019［S］. 北京：中国建筑工业出版社，2019.

［8］ 住房和城乡建设部. 绿色生态城区评价标准：GB/T 51255—2017［S］. 北京：中国建筑工业出版社，2017.

［9］ 生态环境部办公厅. 关于印发《"无废城市"建设试点实施方案编制指南》和《"无废城市"建设指标体系(试行)》的函［R/OL］.（2019-05-08）［2023-09-12］. https：//www. mee. gov. cn/xxgk2018/xxgk/xxgk06/201905/t20190513 _ 702598. html.

［10］ 绿色建筑应用技术指南：T/CSUS 52—2023［S］. 北京：中国城市科学研究会，2023.

［11］ 公园城市评价标准：T/CHSLA 50008—2021［S］. 北京：中国风景园林学会，2021.

［12］ 超低能耗建筑评价标准：T/CSUS 15—2021［S］. 北京：中国城市科学研究会，2021.

［13］ 健康建筑评价标准：T/ASC 02—2021［S］. 北京：中国建筑学会，2021.

［14］ 王清勤，孟冲，李国柱，等. 我国健康建筑发展理念、现状与趋势［J］. 建筑科学，2018，34(09)：12-17. DOI：10. 13614/j. cnki. 11-1962/tu. 2018.09. 002.

［15］ 仇保兴，李东红，吴志强. 中国绿色建筑空间演化特征研究［J］. 城市发展研究，2017，24(07)：1-10＋152＋149.

［16］ 刘加平，董晓. 建筑创新与新建筑文明——兼论新时期绿色建筑发展与建筑方针［J］. 城市发展研究，2019，26(11)：1-4.

［17］ 袁镔，宋晔皓，林波荣，等. 澳大利亚绿色建筑政策法规及评价体系［J］. 建设科技，2011，(06).

［18］ 贾洪愿，喻伟，张明，等. 中国与新加坡绿色建筑评价标准体系对比［J］. 暖通空调，2014，44

（11）：22-29.

[19] 刘妍炯.《绿色建筑评价标准》GB/T 50378—2019 与 GB/T 50378—2014 修订对比剖析[J]. 工程质量，2019，37(12)：1-6.

[20] 秦旋，廉芬. 澳大利亚"绿色之星"评价体系引介[J]. 建筑经济，2013(01).

[21] 杨宇豪，贺盈乾. 智能化技术在绿色建筑资源节约中的应用[J]. 城市建筑空间，2022，29(11).

[22] 吕正东. 双碳目标下绿色建筑发展路径与实施对策研究[J]. 城市建筑，2023，20(17).

[23] 李临娜."双碳"背景下绿色建筑设计与发展探索[J]. 工业建筑，2022，52(04)：233.

[24] 金秀奇. 四节一环保综合技术应用[C]//中国建筑学会建筑施工分会(China Building Construction Institute). 中建一局集团第五建筑有限公司，2017.

[25] 吕绕英. 基于 BIM 技术的绿色建筑性能分析与优化方法研究[J]. 广东建筑材料，2023，39(05).

[26] 郭夏清. 中美英绿色建筑评价标准比较与应用研究[D]. 华南理工大学，2017.

[27] 张亚举. 中美绿色建筑评价指标体系比较研究[D]. 大连理工大学，2017.

[28] 艾懿君. 英国 BREEAM 与我国绿色建筑评价标准比较研究[D]. 南昌大学，2016.

[29] 陈东宇. 碳中和愿景下的德国绿色建筑评价标准修订及其启示研究[D]. 华南理工大学，2021.

[30] 柠檬树绿色地产研究中心. 中国健康建筑发展研究报告[R/OL]. (2020-04-22)[2023-10-10]. https://igreen.org/uploadfile/2020/0528/20200528114704831.pdf.

[31] ArchDaily. 墨西哥西部第一栋绿色建筑——美洲大道 1500[R/OL]. (2017-05-19)[2023-10-15]. https://www.archdaily.cn/cn/870782/mo-xi-ge-xi-bu-di-dong-lu-se-jian-zhu-mei-zhou-da-dao-1500-sordo-madaleno-arquitectos?ad_source=search&ad_medium=projects_tab.

[32] ArchDaily. nterface 总部大楼，树影立面打造绿色建筑[R/OL]. (2019-07-15)[2023-10-15]. https://www.archdaily.cn/cn/920869/interface-zong-bu-da-lou-shu-ying-li-mian-da-zao-lu-se-jian-zhu-perkins-plus-will?ad_source=search&ad_medium=projects_tab.

[33] ArchDaily. 3XN 公布'伦敦市中心新移民博物馆'方案[R/OL]. (2023-05-10)[2023-10-15]. https://www.archdaily.cn/cn/1000664/3xn-gong-bu-lun-dun-shi-zhong-xin-xin-yi-min-bo-wu-guan-fang-an?ad_source=search&ad_medium=projects_tab&ad_source=search&ad_medium=search_result_all.

[34] ArchDaily. CopenHill 新型垃圾焚烧发电厂＋滑雪场[R/OL]. (2019-10-11)[2023-10-15]. https://www.archdaily.cn/cn/926242/copenhillneng-yuan-fa-dian-zhan-jian-hua-xue-chang-big?ad_source=search&ad_medium=projects_tab.

[35] ArchDaily. 哥本哈根社区中心，CLT 木板构建温暖社交场所[R/OL]. (2020-02-28)[2023-10-15]. https://www.archdaily.cn/cn/934505/ge-ben-ha-gen-she-qu-zhong-xin-cltmu-ban-gou-jian-wen-nu-an-she-jiao-chang-suo-nord-architects?ad_source=search&ad_medium=projects_tab.